Claire Arrowsmith

BRAIN GAMES

Intelligenz- und Aktionsspiele für den Hund

© 2010 Interpet Publishing Ltd.
All rights reserved
Titel der englischen Originalausgabe : Brain Games for Dogs
Veröffentlicht von:
Interpet Publishing.
Vincent Lane, Dorking
Surrey RH4 3YX, England

© 2016 für die deutsche Ausgabe KYNOS VERLAG Dr. Dieter Fleig GmbH
Konrad-Zuse-Straße 3, D-54552 Nerdlen/Daun
Telefon: 06592 957389-0
Telefax: 06592 957389-20
www.kynos-verlag.de

Übersetzt aus dem Englischen von Gisela Rau

Grafik & Layout: Kynos Verlag
Gedruckt in Lettland

ISBN 978-3-95464-088-1

Bildnachweis: Titelbild www.Tierfotografie-Winter.de
Alle Fotos Innenteil Roddy Paine außer siehe Bildnachweis S. 164

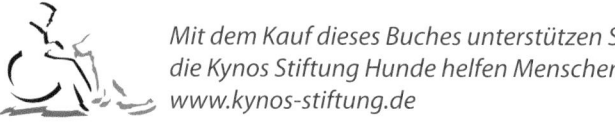

Mit dem Kauf dieses Buches unterstützen Sie
die Kynos Stiftung Hunde helfen Menschen
www.kynos-stiftung.de

Inhaltsverzeichnis

Lasst die Spiele beginnen **61**

VORBEREITUNG

KAPITEL 1

Einleitung

Die Tatsache, dass Sie dieses Buch lesen, bedeutet: Ihnen liegt etwas daran, dass Ihr Hund aktiv und glücklich bleibt. Der eine Besitzer sucht vielleicht nach Ideen, wie er seinen Hund zu mehr Aktivität motivieren kann, der andere nach Vorschlägen, wie er seinen Hund beschäftigen kann, wenn er ihn alleine lassen muss und wieder andere wollen vielleicht einfach wieder mehr Spaß beim gemeinsamen Spielen haben. Trotz bester Absichten geraten wir oft in einen Trott und spielen immer die gleichen Spiele mit unseren Hunden. Und selbst das wird mit der Zeit vielleicht sogar noch seltener, weil es langweilig wird, immer das Gleiche zu machen. Auf Nachfrage werden viele Besitzer sagen, dass ihr Hund gerne spielt, können aber bei näherem Nachhaken oft nur ein oder zwei Spiele nennen, die sie tatsächlich spielen. Ein bestimmtes Lieblingsspiel mag für Erziehung oder Beschäftigung sinnvoll sein, aber in der Regel reicht es nicht aus und der Hund bleibt entweder unausgelastet oder auf eine einzige Aktivität fokussiert, was wieder zu eigenen Problemen führen kann.

Wir lieben unsere Hunde von Herzen und betrachten sie zu Recht als hochintelligente Tiere. Das wirklich Tolle dabei ist, dass Hunde es geradezu lieben, zu lernen und neue Möglichkeiten zum Zeitvertreib zu finden, ihre reichlich vorhandene Energie loszuwerden

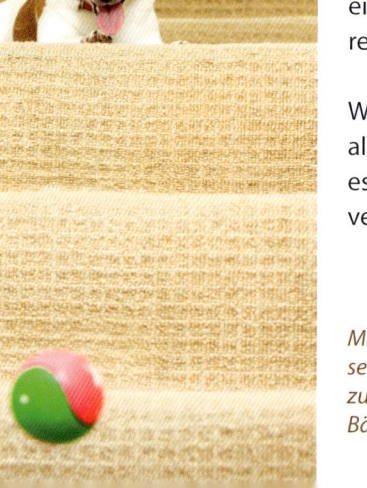

Mit ein bisschen Einfallsreichtum lassen sich überall im Haus Gelegenheiten zum Spielen finden. Vorsicht nur mit Bällen in der Nähe von Treppen.

und mit ihren Menschen zu interagieren. Das eröffnet uns viele Möglichkeiten, mit ihnen zu arbeiten und zu spielen. Das Einzige, das die Zahl der Dinge begrenzt, die wir gemeinsam unternehmen können, ist unsere eigene Vorstellungskraft.

Mehrwert für die Erziehung

Viele Besitzer erklären ihren Hund als »erzogen«, nachdem sie ihm die Grundkommandos beigebracht haben. Lernen und Entwicklung des Hundes finden aber immer statt, egal, ob der Besitzer sich dafür eigens Zeit nimmt oder nicht. Und der Hund braucht weiterhin Anregung, Aktivität und Spaß. Wenn mir Junghundebesitzer erzählen, dass ihr Hund nach einem kurzen Welpenkurs fertig trainiert ist, denke ich oft, wie frustrierend es wohl für uns wäre, wenn unsere Erziehung und Ausbildung in der Kindheit enden würde. Wenn wir immer die gleichen Lektionen wiederholen müssten, würden wir uns alle schnell langweilen und die Lust verlieren! Stellen Sie sich einmal vor, wie stark das Ihren gesamten Lebenswandel, Ihre Fähigkeit zum angemessenen Umgang mit anderen und zum Zurechtfinden in der Welt begrenzt hätte.

Genauso wichtig ist es auch für den Hund, dass seine Erziehung weitergeht, schon allein deshalb, weil ein unerzogener oder frus-

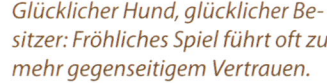

Glücklicher Hund, glücklicher Besitzer: Fröhliches Spiel führt oft zu mehr gegenseitigem Vertrauen.

Ein Hund kann überraschende Fähigkeiten entwickeln, wenn Sie Ihrer Vorstellungskraft freien Lauf lassen.

Mit einem energiegeladenen Hund im Freien zu spielen bedeutet Spaß für beide und bietet Gelegenheit zum Stärken der Beziehung.

13

Einem Hund, der regelmäßig lange Zeit alleine zuhause bleiben muss, fehlt es unweigerlich an Anreizen.

Langeweile und Frustration können zu unerwünschtem Verhalten wie zum Beispiel anhaltendem Bellen führen.

trierter Hund gefährlich werden kann. Jeder Hundebesitzer sollte darum sorgfältig überlegen, wie der Alltag seines Hundes aussieht und die Zeit für ein paar neue Spiele einplanen. Die Vorteile sind enorm, denn ein zufriedener, ausgelasteter Hund entwickelt mit viel geringerer Wahrscheinlichkeit Verhaltensprobleme und die Hundehaltung wird insgesamt einfacher.

Je mehr Zeit Sie mit Spielen und spielerischem Training mit Ihrem Hund verbringen, desto stärker wird die Bindung zwischen Ihnen beiden. Freundschaft erwächst aus dem Spaß, den Sie gemeinsam haben. Daraus kann sich dann echtes Vertrauen bilden. Eine starke Beziehung zwischen einem Hund und seinem Besitzer ist etwas ganz Besonderes und macht sehr glücklich.

Vielen Hunden fehlt es im normalen Alltag an ausreichender Stimulation, weil sie ihr Leben komplett in der häuslichen Umgebung verbringen. Das kann sehr eintönig, um nicht zu sagen langweilig werden. Solche Hunde haben keine erfüllte Existenz. Hunde, die keine Gelegenheit haben, ihre Energie zu verbrauchen, werden mit höherer Wahrscheinlichkeit übererregt und schwierig im Umgang, was jede Form von Gehorsamstraining kompliziert macht. Selbst das Spielen mit solchen Hunden wird schwierig, weil sie dabei zu sehr aufdrehen und dann das Konzept selbst so simpler Spiele wie »Apportieren« nicht mehr lernen können. Reizmangel ist also ein Faktor, der zu vielen Verhaltensproblemen beiträgt. Diese können von einfach nur lästigen und störenden Verhalten wie Bellen und Dinge zerstören bis hin zu wesentlich schwierigeren und gefährlicheren Problemen wie Selbstverstümmelung oder frustrationsbedingter Aggression reichen.

Was ist ein Brain Game?

Ein *Brain Game* ist eine Aktivität, die Ihrem Hund mentale Anreize verschafft. Sie erfüllt sein Bedürfnis nach Unterhaltung und bietet ihm eine an- und aufregende Herausforderung. Manche Brain Games sorgen auch für körperliche Auslastung, die für das allgemeine Wohlbefinden Ihres Hundes ebenso wichtig ist. Manche Aktivi-

Ohne Anreize kann das Leben eines Haushundes ziemlich eindimensional sein. Solche Hunde sind oft schwieriger zu trainieren, weil sie leicht übererregt sind, wenn man ihnen endlich einmal Aufmerksamkeit schenkt.

täten erfordern, dass Sie Zeit in das Training Ihres Hundes investieren, während andere ihn unterhalten, wenn Sie gar nicht anwesend sind oder nur zu Ihrem Spaß zuschauen.

Ein Aktivspielzeug kann einen Hund beschäftigt halten – vor allem nützlich, wenn Gäste kommen.

Warum brauchen Hunde Aktivitäten?

In der Wildnis hätte Ihr Hund mit seinem Rudel oder allein über seinen Geruchs-, Hör- und Sehsinn dafür arbeiten müssen, potenzielle Beute zu finden. Er hätte sich an die Beute anschleichen, sie jagen und fangen oder sie sogar aus dem Boden ausgraben müssen. Dann hätte er das getötete Tier zerlegen müssen, um an die schmackhaftesten Teile zu kommen. Darüber hinaus hätte er noch Zeit damit verbringen müssen, seine Umgebung zu erkunden, mit seinen Rudelgenossen zu interagieren, sich fortzupflanzen und Eindringlinge abzuwehren. Hündinnen hatten außerdem noch die Aufgabe, Welpen großzuziehen.

Ein schönes Brain Game bringt ein bisschen mehr Glanz in den Alltag, lässt Ihren Hund wach bleiben und Lust auf mehr bekommen.

Auch wenn Ihr Hund das Glück hat, als Haustier mit Ihnen zu leben, besitzt er immer noch eine natürliche Neigung dafür, seine Sinne einzusetzen, Energie aufzuwenden und neue Informationen zu verarbeiten. Das sesshafte Leben im Haus kann zu einem Hund führen, der sich gestresst und frustriert fühlt. Zum Glück ist es einfach, neue Aktivitäten einzuführen, um Hunde jeder Größe und Rasse, jeden Alters und Temperaments ausgelastet und glücklich zu halten.

Bei diesem interaktiven Spielzeug muss der Hund ein Leckerchen suchen, das unter einem drehbaren Deckel versteckt ist. Eine prima Beschäftigung während des Alleinseins!

Hundetrainer und Verhaltensberater werden Ihnen sagen, dass ein mit einem guten *Brain Game* beschäftigter Hund einer ist, der sich momentan gerade nicht in Schwierigkeiten bringt – was für jeden Besitzer extrem nützlich sein kann. Überlegen Sie mal, wie hilfreich das für Sie im Alltag sein könnte. Wenn Sie zum Beispiel einen sehr enthusiastischen Hund haben, der Ihre Besucher gerne begrüßt und sich nicht so schnell wieder beruhigt, können Sie seine Aufmerksamkeit umlenken, indem Sie ihm eine andere Aufgabe geben und damit Ihre Gäste entlasten, die Ihre Begeisterung für den Hund vielleicht nicht ganz so teilen.

Von Natur aus temperamentvolle und energiegeladene Hunde müssen sowohl körperlich als auch geistig »Dampf ablassen« können. Ein Brain Game hilft dabei, die Konzentration auf den Besitzer zu lenken.

Andere Hunde mit sehr überschäumendem Wesen sind oft schwieriger zu kontrollieren und die Besitzer fragen oft nach Techniken, wie man sie beruhigen kann. Hier gibt es viele gute Tipps, und die Brain Games sind sehr hilfreich. Erwarten Sie nicht, das ruhigere Verhalten über Nacht zu erreichen, wenn das natürliche Temperament Ihres Hundes sehr lebhaft ist. Wenn Sie ihm aber neue Wege zeigen, wie er seine Energie abarbeiten kann und ihm beibringen, auf ein paar klare Kommandos zu hören, werden Sie feststellen, dass er sich besser konzentriert und weniger frustriert wird.

Ein fröhliches und sicheres Spiel, mit dem Ihr Hund vertraut ist, kann sogar nervöseren Hunden helfen, in positiver Gemütsverfassung zu bleiben, wenn sie mit für sie unbekannten oder beängstigenden Dingen konfrontiert sind. Ein Spiel kann zwar keine voll ausgeprägte phobische Reaktion verhindern, aber von einem in Entstehung befindlichen Überempfindlichkeits-Problem kann mit ein paar klugen Aktivitäten zum richtigen Zeitpunkt abgelenkt werden.

Wenn Ihr Hund zuhause Sachen zerbeißt, aus der Küche stiehlt oder Besucher anspringt, ist es wahrscheinlich, dass er geeignetere Aktivitäten bekommen muss, um ihn aus Schwierigkeiten herauszuhal-

Auf der Suche nach irgendeiner Beschäftigung entwickeln manche Hunde zerstörerisches Verhalten im Haus.

ten. Bei den *Brain Games* geht es also nicht nur darum, gemeinsam Spaß zu haben, sondern sie haben auch einen soliden praktischen Nutzen in der Erziehung.

Investieren Sie Zeit

Ein Hund verdient unsere Zeit und Aufmerksamkeit. Wenn Sie keine Zeit finden, ihm neue Spiele beizubringen, hört er deshalb trotzdem nicht damit auf, neue Dinge zu lernen – es wird nur wahrscheinlicher, dass er unangebrachte Aktivitäten wie Bellen, Hochspringen oder Blumen ausbuddeln lernt. Solche Probleme dann zu lösen oder zerstörte Dinge zu ersetzen kostet Zeit und Geld. Spielen macht dagegen viel mehr Spaß und ist besser für Stressniveau und Ausgeglichenheit von Ihnen beiden.

Rassebedingte Vorlieben

Offensichtlich gibt es eine große Varianz in der Art von Spielen, die Hunde gerne mögen. Tatsächlich ist es wichtig, sich dessen bewusst zu sein, dass verschiedene Rassen verschiedene Arten und Stile des Spielens lernen werden. Unterschiedliche Rassen sind deshalb entstanden, weil Menschen Hunde herauspickten, die bestimmte Aufgaben besonders gut erledigten und diese mit anderen verpaarten, die ähnliche Eigenschaften besaßen. So wurden die Talente über die Gene der Hunde weitergegeben und die Nachkommen wurden mit der Zeit immer besser darin, die Arbeit zu leisten, für die sie gezüchtet wurden. Auf die gleiche Art schufen Menschen auch Hunde, die ein bestimmtes körperliches Aussehen hatten: Wenn man zum Beispiel zwei besonders langbeinige Hunde miteinander verpaart, ist die Chance gut, dass auch die Nachkommen längere Beine haben werden.

Die Rassegeschichte hat großen Einfluss auf das Wesen Ihres Hundes. Cocker Spaniel zum Beispiel wurden dafür gezüchtet, Vögel aufzustöbern und nach dem Schuss zum Jäger zu bringen. Wenn Sie diese Seite seiner Natur verstehen, wird es Ihnen auch leichter fallen, die passenden Aktivitäten für ihn zu finden.

Unterschiedliche Rassen haben auch unterschiedliche Fähigkeiten und Merkmale, berücksichtigen Sie das bei der Auswahl Ihrer Spiele.

Der Whippet ist ein hoch funktionaler Arbeits-hund, der seinen Jagdinstinkt bis heute behal-ten hat.

Wir haben also Hunde mit verschiedenen Fähigkeiten selektiert und all die Rassen erschaffen, die wir heute sehen – neben einigen, die inzwischen schon wieder ausgestorben sind. Zuerst stand in der Zucht eine bestimmte Funktion des Hundes im Vordergrund und wir schufen mit der Zeit Rassen, die extrem motiviert dafür waren, diese Aufgaben zu erfüllen. Man züchtete Hunde für fast alle nur erdenklichen Aufgaben, um dem Menschen nützlich sein zu können. Heutzutage werden die meisten der rund 200 bekannten Rassen einfach nur als Haushunde gehalten und haben keine echte Arbeit zu erledigen. Ihr ererbter Drang zum Zeigen bestimmter Verhaltensweisen ist aber in gewissem Maß immer noch vorhanden, und auch Mischlinge haben ererbte Bedürfnisse, die befriedigt werden müssen.

Rassegruppen

Gesellschafts-hunde	Diese bunte Gruppe besteht aus kleinen Hunden, die als Schoß- und Gesellschaftshunde gehalten werden. Viele der Rassen stammen aber auch von größeren Hunden ab, die einmal zum Arbeiten eingesetzt wurden.
Jagdhunde	Aufgabe dieser Hunde war es, dem Menschen beim Aufspüren, Stellen und Jagen von Beutetieren zu helfen. Größe und Körperbau variieren je nach Umgebung, in der die Hunde arbeiten. Manche haben einen besonders guten Geruchs- oder Sehsinn, während andere außergewöhnlich schnell oder ausdauernd sind.
Hütehunde	Diese Gruppe besteht aus unterschiedlichen Rassen, die alle ursprünglich zur Arbeit an Viehherden gezüchtet wurden, sei es zum Hüten, Treiben oder auch Bewachen. Hütehunde sind meist sehr intelligent, aktiv und ausdauernd.
Terrier	Die meisten Hunde in dieser Gruppe wurden zum Jagen von Kleintieren wie Ratten oder Kaninchen, aber auch Füchsen gezüchtet und haben kein Problem, in Erdbauten zu schlüpfen. Diese Rassen sind besonders tapfer und wagemutig. Sie haben schnelle Reaktionen und sind oft unabhängig.
Gebrauchs-hunde	In diese Gruppe gehören Hunde, die anderen Gruppen nicht gut zuzuordnen sind. Die Rassen darin variieren von Land zu Land. Viele von ihnen erfüllten Aufgaben, die heute nicht mehr gefragt sind und reichen von Jagen über Verteidigen bis hin zum Bewachen.

Der vielseitige Labrador ist ein Jagdhund, aber auch ein freundlicher Begleiter.

Apportier- und Vorstehhunde	Diese Untergruppe der Jagdhunde wurde dazu gezüchtet, Wild zu finden und erlegte Stücke zu apportieren. Je nach Rasse zeigen sie das Wild durch Vorstehen an oder stöbern es auf. Andere bringen das erlegte Wild zum Jäger und einige wurden speziell zur Arbeit im oder am Wasser gezüchtet.
Arbeitshunde	Diese Hunde sind in der Regel kräftig und ausdauernd und viele von ihnen werden auch heute noch zur Arbeit eingesetzt. Die Aufgaben variieren und reichen von Bewachen über Jagen, Kämpfen, Spurensuchen, Schlittenziehen bis hin zu Vieh treiben.
Andere	Es gibt noch viele verschiedene andere Rassen, die nicht konsequent in die obigen Gruppen klassifiziert werden. Oft liegt das daran, dass sie nur in einem bestimmten Land oder einer Region verbreitet sind. Wenn man ihre Eigenarten verstehen will, muss man ihre Geschichte und ihren ursprünglichen Verwendungszweck betrachten. Auch aus Kreuzungen entstandene Rassen, Mischlinge und neue Rassen haben ihr eigenes Wesen und ihre eigenen Instinkte. Finden Sie so viel wie möglich über den jeweiligen Hund heraus.

Der Job, für den ein Hund gezüchtet wurde, beeinflusst die Aktivitäten, die er besonders gerne macht und die Spiele, die er am liebsten spielt. Lernen Sie also die Rasse und Rassegeschichte Ihres eigenen Hundes kennen. Wenn Sie etwas über die Geschichte einer Hunderasse lesen, werden Sie die Unterschiede zwischen den Rassen besser verstehen lernen. Nicht nur Körperbau und Aussehen unterscheiden sich, sondern die Instinkte und Neigungen sind ebenso verschieden.

Huskies sind Arbeitshunde mit großer Liebe zum Laufen. Im Schlittenhundesport lassen sich ihre Energie und Leichtfüßigkeit bestens nutzen.

Typisch Terrier! Jack Russells lieben das Graben.

Neufundländer wurden gezüchtet, um Fischernetze aus dem Wasser zu ziehen.

Border Collies haben von Natur aus einen starken Hütetrieb.

Beispiele für Rassetyp und allgemeine Spielvorlieben

Jack Russell Terrier buddeln oft gerne, graben sich in Tunnels ein und lieben Quietschspielzeuge.

Cocker Spaniel mögen alle Nasen- und Suchspiele, wie es ihrer Natur als Stöberhund entspricht.

Neufundländer gehen sehr gerne ins Wasser und springen fröhlich hinein, wann immer sich die Gelegenheit dazu bietet.

Border Collies werden durch Bewegung stimuliert und möchten die Tiere und Menschen in ihrer Nähe immer gerne zusammentreiben. Oft mögen sie Ball- und Frisbeespiele, können ihre Konzentration aber auch auf verschiedene Hundesportarten umleiten, in denen sie aufgrund ihrer körperlichen Fähigkeiten und schnellen Reaktionen Großartiges leisten.

Mischlinge erben Eigenschaften von ihren Eltern und zeigen vermutlich Merkmale von beiden Seiten. Wenn Sie die Eltern Ihres Hundes nicht kennen, bekommen Sie vielleicht eine Idee von seiner Abstammung, wenn Sie seinen Körperbau, seine Größe und sein Temperament betrachten. Probieren Sie verschiedene Aktivitäten aus und achten Sie immer darauf, dass Ihr Hund stets körperlich zu dem jeweiligen Spiel in der Lage ist.

Egal, welchen Hund Sie besitzen – die Brain Games werden bei ihm für geistige und körperliche Anreize sorgen. Falls seine Rasse ursprünglich für eine bestimmte Aufgabe ge-

Quietschespielzeuge wecken schon bei Welpen das Interesse an interaktiven Spielen.

Welpen kauen gerne auf Dingen herum.

züchtet wurde, wird er besonders gerne bei neuen Aktivitäten mitmachen. Zwar brauchen alle Hunde Brain Games, aber am nötigsten sind sie vermutlich für Junghunde und Rassen mit aktivem Arbeitshintergrund.

Der Einfluss des Alters auf das Spiel

Welpen

Selbst junge Welpen im Alter von nur drei Wochen zeigen schon erste Zeichen für Spielverhalten. Zuerst versuchen die Kleinen nur zu »pföteln«, was sich dann in Springen, Jagen und Ringen weiterentwickelt. Sie beschäftigen sich auch mit Spielsachen, was uns eine perfekte Gelegenheit bietet, mit interaktiven Spielen zu beginnen.

Wurfgeschwister »bepföteln« sich gerne schon in frühem Alter. Dies entwickelt sich in Anspring – und Ringkampfspiele weiter, aus denen die Kleinen viel über die Dynamik sozialer Interaktionen lernen.

Jungen Hunden kann man, wenn sie in Spiellaune sind, das Suchen von Spielzeugen beibringen. Wenn sie keine eigenen Spielsachen haben, ist die Wahrscheinlichkeit hoch, dass sie sich stattdessen mit Haushaltsgegenständen, Familienmitgliedern oder anderen Haustieren beschäftigen. Bei manchen Rassen wie zum Beispiel Windhunden wird es sogar schwierig, sie später noch für Spielzeuge zu begeistern, wenn sie diese nicht schon im frühen Welpenalter kennengelernt haben.

Das Zahnen weckt bei jungen Hunden den Drang, auf etwas herumzukauen. Das passiert einmal beim Verlieren der Milchzähne und etwas später noch einmal, wenn die bleibenden Zähne im Kiefer durchbrechen. Während dieser Zeit braucht Ihr Hund unbedingt geeignete Dinge zum Kauen. Schmerzendes Zahnfleisch kann Ihrem Welpen das Spielen vermiesen, sorgen Sie deshalb für geeignete Gegenstände.

Solange sie jung sind, sollten Hunde nicht zum Springen oder übermäßigen Herumtollen animiert werden (sie werden auch ohne Anregung genug davon zeigen). Warten Sie, bis Ihr Hund körperlich ausgewachsen ist und vermeiden Sie Risiken für die Gelenke und Gliedmaßen in der Wachstumsphase. Je großwüchsiger die Rasse, desto höher das Risiko für diese Art von Verletzungen. Fragen Sie im Zweifelsfall Ihren Tierarzt und lassen Sie gesunden Menschenverstand walten.

Vermeiden Sie Spiele mit Sprüngen, bis Ihr Hund körperlich ausgewachsen ist und seine Knochen und Gelenke die Belastung schadlos ertragen können.

Auch alte Hunde können noch neue Tricks lernen! Hören Sie nicht mit Spielen auf, nur weil Ihr Hund älter wird.

Ältere Hunde

Mit dem Älterwerden erfahren Hunde körperliche Veränderungen, die ihr Sehen, Hören und Schmecken beeinträchtigen. Diese Sinne beginnen nachzulassen, was auch die Fähigkeit zum Spielen verschlechtert, weil der Hund schlechter Gerüche entdecken, Bewegungen wahrnehmen und Kommandos hören kann. Außerdem verspüren sie erste Altersanzeichen in Knochen und Gelenken, was ihre Bewegungsfreiheit einschränkt. Natürlich ist Bewegung gut für den Körper und die allgemeine Lebenserwartung und ein Hund, der sein Leben lang aktiv war, findet sich auch im Alter besser in neue Aktivitäten ein als einer, der nicht so fit ist.

Die Früherfahrungen mit Spielen beeinflussen zwar die spätere Fähigkeit des Hundes, auf Spielsachen oder Menschen zu reagieren, aber dennoch können alle Hunde ihr Leben lang lernen, neue Dinge zu tun oder auf neue Signale zu reagieren. Bei einem älteren Hund mag der Erfolg etwas länger auf sich warten lassen und Sie suchen vielleicht andere Spiele aus, aber es ist immer machbar, mehr Spiel in Ihr Leben zu bringen –egal, wie alt der Hund ist.

Warum Gesundheit wichtig ist

Genau wie beim Menschen bestimmt auch bei Hunden die Gesundheit, wie aktiv sie sind, wie körperlich fit und wie viel Lust sie zum Spielen haben. Bevor Sie ein neues Spiel mit Ihrem Hund starten, sollten Sie deshalb überlegen, welche körperlichen Anforderungen dieses stellt. Auch wir Menschen besprechen uns ja in der Regel mit unserem Arzt, bevor wir mit einem neuen Gymnastikprogramm beginnen. Der Tierarzt kann einen Check-up bei Ihrem Hund durchführen, Sie auf mögliche Probleme hinweisen und auch eine Fütterung empfehlen, die zu Ihrem Hund passt.

Krankheit kann den Appetit verringern, was wiederum die Motivation des Hundes senkt, sich Leckerchen verdienen zu wollen. Vielleicht hat Ihr Hund auch Knochen- oder Muskelprobleme und kann deshalb nicht gut springen oder sich auf bestimmte andere Weise bewegen. Hörprobleme machen es viel schwieriger, Kommandos oder Lob zu hören, während schlechte Sicht oder Augenerkrankungen es dem Hund erschweren können, Ihre Signale zu erkennen.

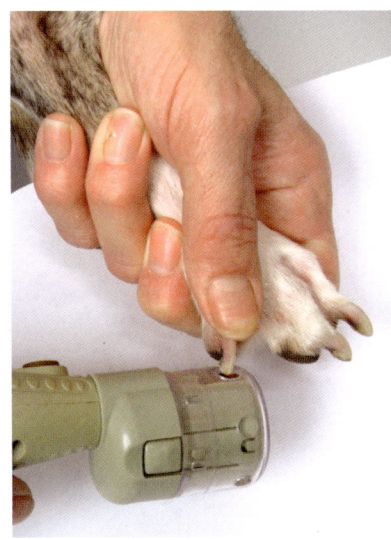

Überlange Krallen können einen Hund behindern und beim Stehen und Laufen aus der Balance bringen. Halten Sie sie mit einer Krallenzange oder wie hier einer elektrischen Schleifmaschine kurz.

Am besten untersuchen Sie Ihren Hund regelmäßig von Kopf bis Fuß, damit Ihnen Veränderungen rechtzeitig auffallen. Sie können dies zum Beispiel beim Bürsten oder Baden tun. Machen Sie sich mit seinem normalen Körperzustand vertraut und achten Sie auf eventuell neu auftretende Knoten, Schwellungen oder Kratzer. Die Krallen müssen auf vernünftiger Länge gehalten werden, die Ohren müssen sauber und frei von überflüssigem Haarwuchs sein. Starke Ohrenschmalzbildung kann auf eine Infektion hindeuten, aber auch die direkte Ursache für Hörschwierigkeiten sein. Regelmäßige Gesundheitschecks lassen Sie allen Problemen gegenüber, die Ihren Hund betreffen könnten, wachsam bleiben.

Reinigen Sie die Ohren regelmäßig von Schmalz und Schmutz, besonders, wenn Ihr Hund lange Hänge- oder Schlappohren hat.

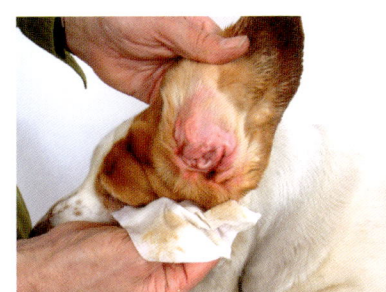

Falls Sie sich über Gesundheitszustand und Fitness Ihres Hundes nicht ganz sicher sind, lassen Sie ihn tierärztlich untersuchen, bevor Sie mit dem Spieletraining beginnen.

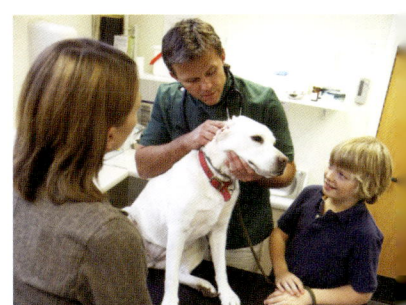

Fettleibigkeit ist heutzutage ein häufiges Problem unter Haushunden. Spielen mit Ihrem Hund ist eine prima Möglichkeit, sein Gewicht durch gesteigerte Aktivität und Verdienenlassen der Futterration zu senken, aber Sie sollten langsam beginnen und nur allmählich zu anstrengenderen Spielen steigern. Falls Ihr Hund sich überanstrengt oder beim Spielen wehtut, wird er beim nächsten Mal wahrscheinlich weniger begeistert bei der Sache sein. Manche Besitzer machen sich Gedanken zum Belohnen mit Futter (links), weil sie befürchten, ihr

Seien Sie bei übergewichtigen oder von Natur aus schwer gebauten Hunden anfangs vorsichtig. Die Fitness wird mit der Zeit kommen.

Hund könne davon fett werden. Wenn das Futter korrekt eingesetzt wird, ist das aber nicht der Fall. Der Einsatz von Futterbelohnungen bei den Brain Games wird in Kapitel 2 besprochen.

Welche Spiele?

Das Spielen sollte für Sie beide ein Vergnügen sein. Versuchen Sie, Aktivitäten zu finden, die zum Temperament Ihres Hundes passen und Ihnen auch Spaß machen.

Beim Auswählen der Spiele geht es zum Teil darum, was Ihnen selbst Spaß macht, es ist aber auch sehr stark von den natürlichen Instinkten Ihres Hundes abhängig. Wenn Sie die Persönlich-

keitsmerkmale Ihres Hundes verstehen, hilft Ihnen das auch einschätzen, ob er lieber eng mit Ihnen zusammenarbeitet oder auch damit zurechtkommt, in gewisser Entfernung zu Ihnen zu arbeiten. Ein Hund, der sich nur in Ihrer Nähe entspannt, findet die Distanzaufgaben vermutlich schwieriger. Es gibt viele »Regeln« für das Spielen und fast jedem Hundebesitzer wurden schon einmal Ratschläge dazu erteilt. Manche Warnungen sind durchaus berechtigt, wenn Aktivitäten Gefahren beinhalten oder die Nachteile gegenüber den Vorteilen überwiegen. Andere Spiele müssen je nach Temperament des Hundes und der jeweiligen Situation eingeschätzt werden. So wären zum Beispiel Zerrspiele nicht ideal für einen Hund, der Ressourcenverteidigung zeigt (d.h. Bewachen von Spielzeug, Futter oder Schlafplatz) und Springen oder auch Rolle über den Rücken wäre nicht gut für einen Hund mit Arthroseprob-

lemen in der Wirbelsäule. Denken Sie also gut über die Gesundheit und Verhaltensmerkmale Ihres Hundes nach, bevor Sie sich für bestimmte Spiele entscheiden. Natürlich kann sich die Auswahl auch mit der Zeit verändern, wenn Ihr Hund verschiedene Lebensphasen durchläuft oder seine Gesundheit sich verändert.

Die Wahl der Spiele kann auch dadurch beeinflusst werden, ob Sie kleine Kinder haben und wie schnell erregbar Ihr Hund ist. Beaufsichtigen Sie Spiele zwischen Kindern und Hunden immer und brechen Sie diese ab, falls eine der beiden Seiten zu sehr aufdreht. Kinder können möglicherweise nicht beurteilen, ab wann der Hund sich zu sehr aufregt oder frustriert wird, weshalb es Aufgabe eines Erwachsenen ist, zu intervenieren und für Sicherheit zu sorgen.

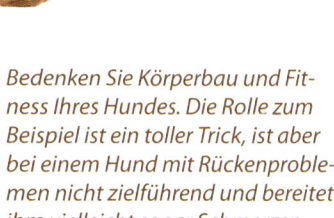

Bedenken Sie Körperbau und Fitness Ihres Hundes. Die Rolle zum Beispiel ist ein toller Trick, ist aber bei einem Hund mit Rückenproblemen nicht zielführend und bereitet ihm vielleicht sogar Schmerzen.

Spielen mit mehreren Hunden

Wenn Sie mehr als einen Hund haben, macht dies auch die Brain Games etwas komplizierter. Oft kommt es zu einer gewissen Konkurrenz zwischen den Hunden, was ganz normal ist. Falls diese sich aber bis zur Aggression steigert, sollten Sie sehr vorsichtig mit Spielen sein, in denen es um begehrte Spielzeuge oder um Futter geht.

In diesem Fall ist es die bessere Idee, mit den Hunden einzeln zu spielen. So können Sie auch eine stärkere Bindung zum Einzelhund schaffen und ihm außerdem beibringen, auch einmal von den anderen getrennt zu sein. Später mag es möglich sein, beide Hunde vorsichtig ins Spiel mit einzubeziehen, aber besser ist es, einen Helfer dabeizuhaben, falls Sie mit Problemen rechnen.

Wenn Sie die Spiele mit mehr als einem Hund spielen möchten, bringen Sie ihnen diese zuerst einzeln bei. Hunde mit ähnlichem Temperament, die sich gut kennen, können prima Spielgefährten sein.

Laute, aufgeregte Kinder und ein neugieriger, leicht zu beeindruckender junger Hund können eine ziemlich brisante Mischung sein.

Häufige Verhaltensprobleme

Es gibt verschiedene Verhaltensprobleme, die Ihnen beim Spielen der Brain Games Schwierigkeiten machen kön-

Spiele zwischen Kindern und Hunden sollten immer von Erwachsenen beaufsichtigt werden.

nen. Falls Ihr Hund aggressiv im Zusammenhang mit Futter oder Spielsachen reagiert, müssen Sie, wie bereits erwähnt, an diesem Problem arbeiten, bevor Sie mit den Problemgegenständen spielen.

Weitere Probleme sind extreme Ängstlichkeit, mangelnder Rückruf oder auch übermäßig stürmisches Verhalten gegenüber dem Besitzer. Falls das Verhalten Ihres Hundes Ihnen Sorgen macht, fragen Sie Ihren Tierarzt, ob er Ihnen einen guten Verhaltensberater empfehlen kann, damit Sie die Probleme lösen können, bevor Sie mit dem Lernen neuer Dinge anfangen.

Richtlinien für die Brain Games

Neben der Anleitung für jedes Spiel finden Sie in diesem Buch auch Kästchen mit Zusatzinformationen, die Ihnen helfen sollen, das richtige Spiel für sich und Ihren Hund zu finden und die nötigen Gegenstände zusammenzutragen.

Ein Ball, eine Hand, ein Hund – machen wir ein Brain Game daraus!

Wo? Informationen dazu, welcher Ort am besten für das Spiel geeignet ist.

Was? Gegenstände, die Sie für das Spiel brauchen.

= Hund spielt alleine

= Hund spielt mit Besitzer

= Hund spielt mit mehr als einer Person

= Gruppenspiel für mehrere Hunde und Besitzer

Die Infokästchen zu jedem Spiel sagen Ihnen, welche Spiele sich am besten für draußen eignen.

Schwierigkeitsgrad: Um Ihnen die Auswahl zu erleichtern, sind die Spiele auf einer Skala von 1-5 mit Sternchen bewertet: 1 Stern = Einfach, 5 Sterne = Für Cracks. Das ist natürlich nur eine Richtlinie. Manche Hunde lernen neue Spiele schneller als andere, je nach ihren Rassemerkmalen und ihrem Körperbau. Falls es hilft, ein anderes Spiel zuerst zu lernen, wird dies aufgeführt.

Interaktion: Ein weiterer schneller Hinweis auf die Art des Spiels ist der Interaktionsschlüssel, der Ihnen Auskunft darüber gibt, ob es vom Hund allein gespielt wird oder mit Ihnen bzw. anderen zusammen. So sieht der Schlüssel aus:

Wenn Ihr Hund Ihnen zu zeigen beginnt, wie schlau er sein kann, werden Sie riesig stolz auf ihn und sich sein!

27

KAPITEL 2

GRUNDKENNTNISSE

Der Lernprozess ist komplex und kann verwirrend sein. Das Verständnis einiger Schlüsselpunkte wird Ihnen dabei helfen, Ihre Spiel- und Trainingsstrategie logisch zu durchdenken, damit Sie den Erfolg maximieren und Misserfolge minimieren können.

Warum positive Trainingsmethoden?

Positives Training ist für langfristig gute Ergebnisse und ein gute Beziehung unerlässlich. Ein harscher Besitzer, der seinen Hund für Fehler bestraft, wird dessen Enthusiasmus zerstören und letztes Endes einen Hund bekommen, der nicht gerne mitarbeitet oder beim nächsten Mal weniger motiviert ist, neue Dinge zu lernen. Als Rudeltiere lassen sich Hunde leider zu vielen Dingen zwingen, wenn ihr Besitzer aversive Techniken anwendet. Das ist aber mehr als nur unfair: Es kann zu Verhaltensproblemen wie der Entstehung von Aggression oder extremer Angst führen. Brain Games sind dazu gedacht, sowohl Ihrem Hund als auch Ihnen zu nutzen, also ist es wichtig, dass auch Sie beide Spaß daran haben.

Kooperation anstatt Zwang sollte das Motto im Training mit Ihrem Hund sein.

Hier sehen Sie ein Beispiel für ungewollte positive Verstärkung: Dieser Hund hat das Futter auf dem Tisch entdeckt und schlingt es in sich hinein. Er bekommt also eine schmackhafte Belohnung für sein Verhalten – sicher nicht das, was Sie wollten.

Spielregeln

1. *Ihr Hund wird jedes Verhalten wiederholen, das zu angenehmen Erlebnissen führt.* Das könnten zum Beispiel Lob oder Leckerchen während des Trainings sein, aber auch etwas Unabsichtliches, wie zum Beispiel, dass der Hund Aufmerksamkeit bekommt, wenn er jemanden anspringt oder ein Sandwich frisst, das er von der Anrichte geklaut hat. Achten Sie darauf, dass Ihr Hund nur für die Handlungen belohnt wird, die Sie fördern möchten, damit er diese öfter zu zeigen beginnt.

2. *Gutes Timing ist wichtig.* Je länger Sie zwischen Handlung und Belohnung warten, desto unwahrscheinlicher wird es, dass Ihr Hund schnell das Gewünschte verknüpft. Stellen Sie sich folgendes Szenario vor: Ihr Hund schafft seine erste perfekte Rolle. Anstatt ihn sofort zu belohnen, gehen Sie erst in die Küche, um Wurst zu holen. Ihr Hund steht aus seiner Position auf, läuft umher, schnüffelt oder kratzt sich und sucht nach Ihnen. Er läuft durch den Flur, wo der Briefträger gerade die Post durch den Briefschlitz schiebt und hört, wie draußen Kinder vorbeilaufen. Er kommt in die Küche und stellt sich neben Sie an den Kühlschrank, wo Sie gerade die Packung mit den Würstchen öffnen. Was denken Sie, was er verknüpft, bis Sie ihm das Stückchen Wurst gegeben haben? Wie schwer muss es für den Hund zu verstehen sein, dass die Wurst als Belohnung für die Rolle gedacht war, die er gemacht hat, bevor all das andere passierte? Wissenschaftliche Studien belegen: Je schneller die Belohnung kommt, desto schneller lernt ein Tier. Idealerweise beträgt dieser Zeitraum drei Sekunden. Weil das schwierig sein kann, wenn Ihr Hund weiter von Ihnen weg ist oder Sie die Hände voll haben, sind Wortlob und Clickertraining (s. S. 41-43) hilfreich, um die gewünschte Reaktion zu »markieren« und sie dann anschließend mit Futter zu belohnen.

Achten Sie bei der Futterbelohnung auf Ihr Timing, damit Sie auch eindeutig das gewünschte Verhalten verstärken.

Belohnen Sie eine gute Leistung immer sehr schnell mit einem Leckerchen.

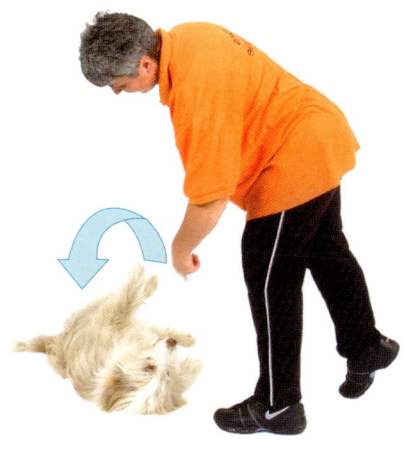

3. **Bestrafung birgt Probleme.** Spiele sollten Spaß machen und Strafe sollte nie nötig sein. Übrigens ist der richtige Zeitpunkt beim Strafen noch wichtiger als beim Belohnen. Macht der Hund die aversive Erfahrung nicht genau dann, solange er etwas Unerwünschtes tut, hat die Strafe nur begrenzte Wirkung und er könnte Angst bekommen. Das wird Ihren Spielen ein Ende setzen und könnte bewirken, dass der Hund sein Vertrauen in Sie verliert.

4. **Die Bezahlung muss stimmen.** Vielleicht möchten Sie das normale Trockenfutter Ihres Hundes für das Training benutzen oder einfache Hundekekse. Manche Hunde mögen sich darüber freuen, für andere ist diese Belohnung deutlich uninteressanter als andere Dinge um sie herum. Warum sollte Ihr Hund für ein Stückchen Trockenfutter arbeiten, wenn er ohnehin zwei Mal am Tag einen Napf voll davon umsonst bekommt? Wenn Ihr Hund lernt, eine hochwertige Belohnung wie zum Beispiel ein Stückchen Fleisch mit einer Handlung zu verbinden, ist es viel wahrscheinlicher, dass er es sich später erneut zu verdienen versuchen wird.

Belohnungen im Spiel einsetzen

Spielen an sich ist eine lohnende Erfahrung, sodass oft gar keine weiteren Anreize nötig sind. Wenn Ihr Hund etwas Neues lernen soll, kann es aber manchmal nötig sein, dass er etwas Ermunterung in Form von Leckerchen und auf jeden Fall von Lob braucht, um alles richtig hinzubekommen. Das wird den Lernprozess beschleunigen und Ihr Hund wird die neue Aktivität schon bald mit der Annehmlichkeit der Belohnung in Verbindung bringen.

Es wurde immer wieder und in vielen Situationen bewiesen, dass Training mit Belohnung und Motivation die besten und verlässlichsten Ergebnisse bringt. Deshalb versuchen moderne Hundetrainer und Besitzer, ihre Hunde immer für gewünschtes Verhalten zu belohnen. Das gilt sowohl für die Grunderziehung als auch für spezielle Übungen, Tricks oder einfach nur freundliches Verhalten. Hunde, die mit positiven Trainingstechniken großgezogen wurden, zeigen in der Regel besser vorhersagbares Verhalten und haben mehr Vertrauen zum Menschen.

Futterbelohnungen

Vermutlich ist Ihnen das Prinzip von Futterbelohnungen im Training bekannt. Nur diejenigen, die nicht damit arbeiten, haben in der Regel falsche Vorstellungen davon, wie die Beziehung zwischen Hund und Halter von Futterbelohnungen beeinflusst wird. Alles ist eine Frage der Ausgewogenheit und ob Sie grundsätzlich eine gute Beziehung zu Ihrem Hund haben. Niemand möchte von seinem Hund nur als Futterautomat betrachtet werden. Bringt Ihr Hund Sie aber mit angenehmen Dingen in Verbindung, wird er sich besonders freuen, Sie zu sehen oder mit Ihnen zu spielen. Mit Futter zu belohnen heißt nicht, dass Sie Ihrem Hund erlauben sollten, Sie nach Belieben anbetteln zu dürfen. Es liegt an Ihnen, eine Aktion von ihm zu fordern, die Sie dann belohnen können. Vielleicht wird es auch Gelegenheiten geben, zu denen Sie Verhalten belohnen möchten, die der Hund ganz natürlich von sich aus anbietet, wie zum Beispiel ruhiges Hinlegen. Entscheiden Sie selbst.

Auf dem Markt sind die verschiedensten Leckerchen erhältlich – probieren Sie aus, welche Ihr Hund am liebsten mag und variieren Sie auch einmal. Übertreiben Sie es aber nicht mit der Menge – ein Leckerchen muss ein besonderer Bonus bleiben.

Leckerchen können auch zum Formen von Verhalten verwendet werden. Sie können Ihren Hund damit zum Beispiel ins »Sitz« oder »Platz« locken.

Ein belohnungsbasiertes Trainingsprogramm wird Ihren Hund nicht dick werden lassen, Überfütterung bei zu wenig Bewegung dagegen schon. Falls Sie sich deshalb Sorgen machen, können Sie die Tagesration Ihres Hundes abmessen und entweder einen Teil davon als Belohnung nehmen oder die Gesamtmenge reduzieren, um einen Ausgleich für die Leckerchen zu schaffen, die er im Training bekommt. Wenn Sie eine intensive Trainingsstunde hatten, braucht Ihr Hund danach keinen vollen Napf mehr zu seiner Mahlzeit.

Ein häufiges Missverständnis ist, dass Sie Ihre Taschen ab sofort immer mit Leckerchen füllen müssen, wenn Sie mit Futter trainieren möchten. Das stimmt nicht. Wenn Sie Ihren Hund korrekt trainieren, wird er lernen, welches Verhalten Sie von ihm erwarten und Sie können die

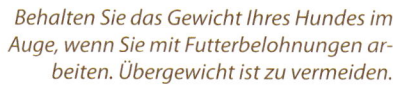

Behalten Sie das Gewicht Ihres Hundes im Auge, wenn Sie mit Futterbelohnungen arbeiten. Übergewicht ist zu vermeiden.

Menge der Leckerchen nach und nach reduzieren. Wenn Sie richtig Spaß am Training finden, ist es aber sinnvoll, immer ein paar Leckerchen griffbereit zu haben, falls Ihr Hund Ihnen etwas ganz Tolles anbietet oder Sie ihm dringend etwas Neues beibringen möchten.

Auch kann gelegentliches Belohnen bereits etablierter Verhalten niemals schaden und Ihr Hund wird sich freuen, wenn er einen unerwarteten »Preis gewinnt«.

Ihr Hund sollte aber nicht nur dann gehorchen, wenn Sie ein Leckerchen in der Hand haben. Falls das passiert, war das Training nicht richtig oder es sind zu viele Ablenkungen vorhanden. Vielleicht haben Sie das Futter auch bisher eher als Bestechung anstatt als Belohnung eingesetzt. In diesen Fällen ist es das Beste, zu den Grundlagen zurückzugehen und sicherzustellen, dass Ihr Timing beim Belohnen stimmt.

Überfüttern Sie Ihren Hund nicht so wie hier. Messen Sie aus, welche Futtermenge er täglich braucht.

Manche Hunde lassen sich nicht mit Futter motivieren. Wieder andere haben so empfindliche Mägen, dass sie besondere Leckereien nicht vertragen. In solchen Fällen können Sie richtiges Verhalten auch mit einem Spielzeug belohnen. Trotzdem geht es mit Futter viel leichter und Ihr Training wird schneller vorankommen, als wenn Ihr Hund nach jedem kleinen Erfolg erst einmal mit seinem Spielzeug loszieht. Falls Ihr Hund aber begeistert apportiert oder gerne mit Ihnen Seilziehen spielt, dann probieren Sie ein Spielzeug als Belohnung unbedingt aus.

Welche Leckerchen?

Für das Training sind kleine, fingernagelgroße Leckerchen am besten geeignet. Das Stichwort heißt Abwechslung, denn die meisten Hunde finden es schnell langweilig, Tag für Tag die gleichen Leckerchen für alles Mögliche zu bekommen. Mischen Sie deshalb ein paar unterschiedliche Belohnungssorten in einem Leckerchenbeutel.

Manche Hunde lassen sich mit Spielzeug besser motivieren als mit Futter. Passen Sie Ihre Trainingsmethode also an die individuelle Persönlichkeit Ihres Hundes an.

So schonen Sie Ihre Jacken- und Hosentaschen, kommen schnell an die Belohnung heran und können aussuchen, was Sie jeweils geben. Normale Trockenfutterstückchen werden von den besseren Sachen wie Käse- oder Wurststückchen auch etwas Geruch annehmen und damit interessanter. Auf dem Markt gibt es viele verschiedene Futterbeutel zu kaufen. Suchen Sie einen aus, der zu Ihren Aktivitäten passt, damit Sie beim Herumrennen oder –springen nicht alle Leckerchen oder den ganzen Beutel verlieren. Achten Sie darauf, nur Leckerchen zu nehmen, die auch für Hunde verträglich sind. Es gibt genug Auswahl, sodass Sie wirklich nicht auf Kekse, Schokolade, Kartoffelchips oder Süßigkeiten zurückgreifen müssen, die Ihrem Hund allesamt schaden können. Bei Hunden mit empfindlicher Verdauung sollten Sie jedes neue Futter langsam und in kleinen Mengen einführen, um Probleme zu vermeiden.

Die eine Hand dirigiert das Training, während die andere schnell ein Leckerchen hervorzaubert.

Bei Zerr- und Zergelspielen kann man durchaus gut die Kontrolle behalten, während Apportierspielzeuge viel schwieriger für uns zu managen sind.

Belohnungsschema Wenn Sie Ihrem Hund etwas ganz Neues beibringen, müssen Sie ihn anfangs jedes Mal belohnen, wenn er etwas Richtiges tut. Das ist wichtig, damit er lernt, die Handlung mit der Belohnung zu verknüpfen und zum Weiterspielen motiviert bleibt, auch wenn die neue Aufgabe nicht ganz leicht ist.

Benutzen Sie nur geeignete Futterbelohnungen. Salziger Knabberkram oder Süßigkeiten sind kein Hundefutter.

Dieser Hund soll Pfote geben wie in Kapitel 15 beschrieben. Anfangs belohnen Sie jeden erfolgreichen Versuch. Später, wenn das Spiel dem Hund vertrauter ist, können Sie die Häufigkeit der Leckerchengabe reduzieren.

Für ganz besonders gute Leistungen kann sich der Hund eine Jackpot-Belohnung verdienen.

Der Jackpot

Für besonders gute Leistungen oder Anstrengungen sollten Sie Ihrem Hund gelegentlich einen »Jackpot« bescheren, also eine deutlich bessere Belohnung. So stellen Sie sicher, dass er wirklich mit Begeisterung bei der Sache bleibt. Jackpots sollten nicht zu oft gegeben werden, aber sie sind ein wichtiger Baustein für Erfolg und Spaß im Training. Sie können entweder ein besonders gutes Stück Futter oder mehrere Stückchen der gewohnten Belohnung anbieten, je nachdem, was Ihr Hund toller findet. Gegen Ende einer Übungsstunde ist Ihr Hund vielleicht schon so satt, dass mehrere Futterstücke ihn nicht mehr richtig locken – entscheiden Sie also je nach den Umständen.

Belohnungen reduzieren

Ein häufig gemachter Fehler ist, die Belohnungen zu früh wegzulassen. Wenn Sie plötzlich aufhören, Belohnungen zu geben, kann Ihr Hund frustriert werden und nicht mehr mitmachen. Sobald Sie Ihrem Hund eine Sache erfolgreich beigebracht haben, können Sie damit beginnen, Ihr Belohnungsschema zu variieren. Die beste Möglichkeit dazu ist es, Leckerchen nicht mehr regelmäßig zu geben, sondern anfangs nur noch für etwa jeden erfolgreichen dritten oder vierten Versuch. Wenn Sie etwas besonders Schwieriges üben oder viele Ablenkungen da sind, sollten Sie aber öfter belohnen. Wortlob und Streicheln können immer angeboten werden und sind grundlegender Bestandteil einer guten Mensch-Hund-Beziehung. Tiere arbeiten immer härter und länger, wenn sie wissen, dass gute Aussichten auf eine Belohnung bestehen.

Dies ist ein sehr junger Welpe am Anfang des Trainings. Hier wird das »Sitz« belohnt.

Als nächstes wird ein Leckerchen zum Locken vor seine Nase gehalten, um ihn in Steh-Position zu bringen.

Nach dem Üben ist Zeit für besonders ausgiebiges Kraulen und Loben. So wird der Welpe sich schon auf das nächste Mal freuen.

Was motiviert Ihren Hund?

Die meisten Besitzer wissen so ungefähr, was ihr Hund gerne mag. Trotzdem ist es hilfreich, das von Zeit zu Zeit zu überprüfen, weil die Vorlieben Ihres Hundes sich ändern können. Es ist wichtig zu wissen, was Ihren Hund wirklich motiviert und wie er Belohnungen einstuft. Nur so können Sie entscheiden, wie Sie einfache Aufgaben belohnen und wie kompliziertere.

Um herauszufinden, welche Leckerchen Ihr Hund besonders gerne mag, können Sie ihm aus der linken und rechten Hand verschiedene anbieten. Beobachten Sie, für welches er sich zuerst entscheidet.

Testen Sie Ihren Hund mit kleinen Stückchen verschiedener Belohnungen. Geben Sie ihm die Wahl zwischen zwei Sorten (eine in jeder Hand) und schauen Sie, welche er zuerst frisst. Lehnt er ein Leckerchen ganz ab, dann benutzen Sie dieses auch nicht für das Training. Je nachdem, was Ihr Hund zuerst aussucht, können Sie Ihre Belohnungen nach Wert sortieren. Sie wissen dann, welche sie für schwierige Aufgaben nehmen können (seine Lieblingsleckerchen) und welche für einfachere Dinge gut geeignet sind.

Der Spielzeugtest ist eine Möglichkeit, die Beliebtheitsskala von Spielsachen festzustellen. Benutzen Sie dann die Lieblingsstücke als Belohnung für die Brain Games.

Der Spielzeugtest Ihr Hund kann Ihnen zeigen, welches Spielzeug er am liebsten mag. Wenn Sie all seine Spielsachen auf den Boden legen und ihn dann frei wählen lassen, wird er sich höchstwahrscheinlich auf sein Lieblingsspielzeug konzentrieren. Probieren Sie das ein paar Mal hintereinander aus, um sicher zu sein. Wenn Sie si-

cher sind, welches das Lieblingsspielzeug ist, legen Sie es weg und wiederholen den Test mit den übrigen Spielsachen. So können Sie nach und nach eine Beliebtheits-Skala aufstellen. Natürlich ist das nicht ganz aussagekräftig, weil manche Spielsachen interessanter sind, wenn ein Mensch damit herumwackelt. Sie können aber auch in jede Hand ein unterschiedliches Spielzeug nehmen, damit wackeln und schauen, welches Ihr Hund lieber mag.

Konzentration auf den Besitzer Die Aufmerksamkeit, die Sie Ihrem Hund schenken, ist vermutlich eine sehr wertvolle Belohnung. Sich das Lob ihres Besitzers zu verdienen, macht den meisten Hunden große Freude, und das sollte definitiv Teil jedes Hundetrainings sein. Der Grund dafür, dass wir zusätzliche Belohnungen wie Futter oder Spielzeug brauchen, ist, dass Ihr Hund Sie den ganzen Tag lang viel reden hört. Sie loben vielleicht auch Ihre Kinder oder andere Haustiere oder reden am Telefon. All das lässt Ihren Hund Ihre Stimme hören, wenn er gerade gar nichts Besonderes tut. Das bedeutet, dass die Reaktion auf Lob, das tatsächlich ihm gilt, durch Gewohnheit gewissermaßen geschwächt wird. Ein lebendiger und fröhlicher Tonfall und klar gesprochene Kommandos werden sicherstellen, dass Ihr Hund Ihre Wünsche versteht und merkt, dass Sie sich über ihn freuen.

Wenn Sie Ihrem Hund ein Spiel beibringen möchten, mit dem er sich beim Alleinsein zuhause beschäftigen soll, bringen Sie ihm dieses auch zuhause bei.

Versuchen Sie, mit lebhafter und fröhlicher Stimme zu sprechen, wenn Sie mit Ihrem Hund kommunizieren. Monotones, langweiliges Sprechen kann seine Energie dämpfen.

Wo mit den Brain Games beginnen?

Zwar müssen Sie Ihrem Hund Neues an Orten beibringen, an denen er entspannt ist, aber Sie müssen auch in Umgebungen üben, in denen Sie später mit ihm spielen wollen. Wenn Sie zum Beispiel ein bestimmtes Spiel auf dem Spaziergang spielen möchten, sollten Sie die Grundlagen dafür zuhause, in ablenkungsarmer Umgebung üben und dann erst an neuen Orten wie zum Beispiel im Park. Soll sich Ihr Hund dagegen später mit einem Spiel alleine zuhause beschäftigen, sollten Sie ihm das auch an dem Ort beibringen, an dem Sie ihn später allein lassen werden. Bleiben Sie anfangs dabei und lassen ihn erst nach und nach zum Spielen allein.

Wann anfangen?

Sie können mit dem Spielen loslegen, wann immer Sie bereit sind – aber am besten wählen Sie einen Zeitpunkt, zu dem Sie sich ganz auf Ihren Hund konzentrieren können und dieser ausgeruht und entspannt ist. Fangen Sie kein Spiel an, wenn Ihr Hund gerade erst gefressen hat: Er wird weniger motiviert sein, sich Leckerchen zu verdienen, wenn er satt ist und sich lieber ausruhen wollen. Außerdem kann Laufen und Springen mit vollem Magen gefährlich sein und eine Magendrehung auslösen, die lebensbedrohlich sein kann.

Wenn Ihr Hund gerade gefressen hat, ist das kein guter Zeitpunkt, um mit dem Training zu beginnen. Er braucht Zeit zum Verdauen und wird nicht in der Stimmung für Konzentration sein.

Realistische Ziele setzen

Das Balancieren eines Kekses auf der Nase ist ein toller Trick – aber erwarten Sie nicht, dass Ihr Hund das nach fünf Minuten Üben schon kann. Die Spiele müssen Schritt für Schritt aufgebaut werden.

Wenn man seinem Hund etwas Neues beibringt oder ihm ein neues Spielzeug gibt, lässt man sich leicht mitreißen und schießt übers Ziel hinaus: Eifrige Besitzer meinen oft, dass sie es mit einer Art Lassie zu tun haben und erwarten zu schnell zu viel – was frustrierend sein kann, wenn dann nicht alles so glatt läuft wie erwartet. Wenn Sie nicht viel Zeit mit dem Training Ihres Hundes verbringen, ist es unwahrscheinlich, dass er alle gewünschten Tricks sehr schnell lernt. Mit dem Gehirn verhält es sich ganz ähnlich wie mit den Muskeln: Ohne regelmäßige Übung wird beides langsamer und ineffizienter. Wenn Sie bis jetzt noch nicht viel mit Ihrem Hund gemacht haben, erwarten Sie nicht, dass er plötzlich über Nacht zum Einstein auf vier Pfoten wird. Sie kommen mit Geduld und Konsequenz an Ihr Ziel.

Ein guter Hundeführer und Trainer zu werden braucht Zeit und Übung. Als Besitzer werden Sie Ihre Fähigkeiten über das ganze Leben Ihres Hundes lang weiter entwickeln. Es lohnt sich deshalb, so früh wie möglich damit anzufangen, damit Sie größtmöglichen Spaß an Ihrer gemeinsamen Zeit haben können.

Außerdem haben Sie dann höchstwahrscheinlich viel weniger mit Problemverhalten zu tun. Falls Sie vorher schon Hunde hatten, bedenken Sie, dass trotzdem jeder Hund anders ist und seine eigenen Motivationen und Instinkte hat. Setzen Sie sich gern hohe Ziele, aber bleiben Sie auch realistisch, was die Fähigkeiten Ihres Hundes angeht. Manche Rassen haben mehr Motivation und bessere körperliche Fähigkeiten zum Spielen als andere, bedenken Sie also diese Faktoren.

Setzen Sie sich kleine Zwischenziele, damit Sie immer erfolgreich bleiben und mit Ihrer Arbeit weitermachen können. Denken Sie immer daran, dass jeder Hund anders ist und jeder an etwas Anderem Spaß haben wird. Versuchen Sie nicht, Ihren Hund mit dem Ihres Freundes oder mit anderen aus der Hundeschule zu vergleichen. Jeder hat seine eigenen besonderen Fähigkeiten. Manche brauchen länger, um bestimmte Dinge zu lernen, können diese dann aber oft verlässlicher als Hunde, die sehr schnell lernen. Und ganz wichtig: Kein Hund ist immer perfekt.

Erwarten Sie nicht, dass neue Spielsachen Wunder bewirken oder dass der Hund mit Ihrer Neuerwerbung jetzt sechs Stunden am Tag spielen wird. Oder dass er jetzt nie wieder schlechtes Verhalten zeigen wird. Gewohnheiten brauchen Zeit, um sich zu ändern und Ihr Hund muss seinen Spaß am Spielen langsam aufbauen. Spiele können zwar sehr lang andauern, aber für Ihren Hund ist es natürlicher, wenn er in Intervallen über den Tag verteilt spielt, ruht und dann wieder spielt. Legen Sie das Spielzeug also nicht zu schnell wieder weg.

Wenn Sie einen Welpen oder auch erwachsenen Hund neu bei sich aufnehmen, versuchen Sie von Anfang an, kleine Brain Games mit ihm zu spielen und ihm die Grundfertigkeiten beizubringen. Es wird sich später auszahlen.

Neue Spielsachen sind nicht immer automatisch gleich der Hit. Keine Sorge, wenn Ihr Hund manchmal das Interesse zu verlieren scheint – das ist normal.

Dieser Welpe lernt »Sitz«.

Gut gemacht! Eine gute Leistung verdient unmittelbare Belohnung.

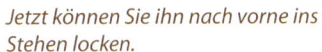

Jetzt können Sie ihn nach vorne ins Stehen locken.

Aus diesem Spielzeug fallen Leckerchen heraus.

Dieser Ball ist so geformt, dass Leckerchen aus ihm herauskullern, wenn der Hund ihn mit den Pfoten über den Boden schiebt.

Machen Sie Pausen

Welpen und Hunde, für die das Training neu ist, sollten nur in sehr kurzen Einheiten üben. Arbeiten Sie drei Minuten lang und machen Sie dann eine Pause, in der Ihr Hund ausruhen, ein Spiel seiner Wahl spielen oder spazieren gehen kann. Zu lange Übungseinheiten werden ihn ermüden, das Lernen ineffektiver machen und Ihren gemeinsamen Spaß mindern. Je mehr Ihr Hund heranwächst und je mehr er sich ans Training gewöhnt, desto länger können die Lerneinheiten werden. Hat Ihr Hund ein neues Spiel erst einmal gelernt, kann er es natürlich so lange spielen, wie Sie es für angemessen halten. Manche Spiele sollten unter Aufsicht stattfinden, andere sind dazu gedacht, Ihren Hund zu beschäftigen, wenn Sie außer Haus oder anderweitig beschäftigt sind.

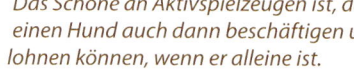

Das Schöne an Aktivspielzeugen ist, dass sie einen Hund auch dann beschäftigen und belohnen können, wenn er alleine ist.

Warum gute Grundregeln wichtig sind

Um gut und sicher zu spielen, ist es wichtig, ein paar Hausregeln etabliert zu haben. Dafür gibt es gute Gründe. Erstens: Wenn Sie Ihren Hund zu sehr verwöhnen, wird es unwahrscheinlicher, dass er gut mit Ihnen arbeitet. Seine Motivation, sich Aufmerksamkeit oder Belohnungen zu verdienen, nimmt ab und er ist weniger geneigt, Ihren Wünschen zu folgen. Deshalb ist es wichtig, ein paar Grundregeln aufzustellen, das Grundlagentraining

Übertreiben Sie es anfangs nicht im Eifer des Gefechts mit Spielen. Ihr Hund braucht viele Pausen und Zeit zum Ausruhen.

regelmäßig zu wiederholen, wenig Extra-Le-
ckerchen ohne Gegenleistung zu geben und Ihrem Hund nicht einfach deshalb Aufmerksamkeit zu schenken, weil er sie gerade einfordert.
Außerdem ist es hilfreich, Ihrem Hund beizubringen, Leckerchen und Spielzeug vorsichtig aus Ihrer
Hand zu nehmen, anstatt danach zu schnappen. Ihr Hund kann gerne alles bekommen, was er möchte – Aufmerksamkeit, Spaß, Streicheln und Leckerchen – aber es muss nach Ihren Vorgaben gesche-
hen, nicht nach seinen.

Clickertraining

Clickertraining ist eine hocheffiziente Trainingsmethode, die Besitzern hilft, erwünschtes Verhalten exakt zu »markieren«. Ein Clicker
ist ein kleines Plastikteil mit Metallzunge, die beim Daraufdrücken
ein Klickgeräusch macht. Weil dieses Geräusch neu ist und sich
deutlich von anderen unterscheidet, bemerkt der Hund es sofort
und kann schnell lernen, es mit einer Belohnung in Verbindung zu
bringen. Er kann außerdem identifizieren, was er gerade in dem
Moment gemacht hat, als der Click ertönte und damit diese Handlung wiederholen, um sich weitere Belohnungen zu verdienen.

*Der Clicker macht ein deutlich un-
terscheidbares Geräusch, das dem
Hund sofort auffallen wird.*

Clickertraining bedeutet zwar,
dass Sie einen Clicker zur Hand
haben müssen, aber es kann das
gewünschte Verhalten für Ihren
Hund sehr viel deutlicher machen. Außerdem bringt es Sie
dazu, sich darauf zu konzentrieren, was Ihr Hund richtig macht
(weil Sie dafür »clicken« können)
anstatt auf seine Fehler. Dies
ist eine viel positivere Heran-
gehensweise für die Arbeit mit
dem Hund und für Sie als Trainer
viel weniger frustrierend.

*Natürlich möchten Sie nicht in die
Finger gebissen werden, wenn Sie
Ihrem Hund kleine Leckerchen anbieten. Nehmen Sie sich die Zeit, ihm zu
zeigen, dass er seine Zähne vorsichtig einsetzen muss.*

Das ist falsch: Der Click kam, während der Hund hinterhertrödelte, nicht, als er schön bei Fuß ging.

Timing ist im Clickertraining das A und O. Sie müssen genau in dem Moment clicken, wenn der Hund das gewünschte Verhalten zeigt (z. B. bei Fuß gehen) und ihn anschließend belohnen.

Es gibt verschiedene Möglichkeiten zur Benutzung des Clickers: Sie können warten, bis Ihr Hund von sich aus ein Verhalten anbietet und dieses dann »clicken«. Diese Technik wird oft angewendet, um Problemverhalten zu korrigieren. Beim Spielen oder Trainieren von Tricks kann es aber sehr lange dauern, bis Ihr Hund von sich aus zufällig das gewünschte Verhalten zeigt. Allerdings können Hunde auch sehr kreativ sein, wenn man sie sich selbst überlässt, sodass Sie mit dieser Methode möglicherweise etwas sehr Interessantes erreichen können. Dies trifft besonders dann zu, wenn Ihr Hund es schon gewohnt ist, sein Gehirn zum Lernen neuer Dinge einzusetzen und schon Erfahrungen mit Lernen über Versuch und Irrtum gemacht hat.

Das richtige Timing

Die zweite Möglichkeit besteht darin, den Hund anfangs zu locken oder ihn zu ermutigen, sich auf bestimmte Weise zu bewegen oder etwas Bestimmtes zu tun, um dies dann zu »clicken« und zu belohnen. Sobald Sie die Handlung erfolgreich abrufen können, schleichen Sie das Locken langsam aus und belohnen die korrek-

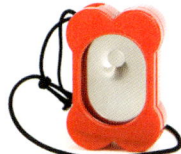

ten Versuche. Das führt zu schnellen Ergebnissen und ist die übliche Methode zum Trainieren von Tricks oder im Hundesport.

Wichtig ist das richtige Timing des Clicks, weil er das Signal für die Belohnung ist. Es gelten die gleichen Regeln wie beim Loben mit Worten oder mit Futter (s. S. 29).

Clicker gibt es in verschiedenen Formen und Größen, bestimmt ist auch der richtige für Sie und Ihren Hund dabei.

Wenn Sie mit Clicker arbeiten, müssen Sie sicherstellen, dass sie nach jedem Click auch eine Belohnung geben. Anfangs clicken Sie regelmäßig für jeden kleinen Erfolg. Je mehr Fortschritte Ihr Hund macht, desto mehr verlangen Sie von ihm für jeden Click. Wenn Sie zum Beispiel »Pfote geben« üben, clicken Sie anfangs dafür, dass er die Pfote nur ein bisschen anhebt. Dann halten Sie den Click etwas länger zurück, bis er die Pfote hebt und anschließend so lange, bis er Ihre Hand berührt. Irgendwann wird er seine Pfote länger in Ihrer Hand lassen, um sich Click und Belohnung zu verdienen. Damit haben Sie die Grundlage Ihres Tricks geformt.

Haben Sie Spaß beim Clickertraining, aber denken Sie daran, wirklich nur dann zu clicken, wenn Sie die Aktion, die Ihr Hund gerade zeigt, bestärken möchten. Lassen Sie keine Kinder mit dem Clicker spielen, die ihn vielleicht zur falschen Zeit benutzen oder nur clicken, um selbst das Geräusch zu hören. Lassen Sie ihn auch nicht irgendwo liegen, wo Ihr Hund ihn finden kann, denn ein zerkauter oder gar verschluckter Clicker nutzt nicht nur niemand, sondern ist auch potenziell gefährlich.

Mit dem Clicker können Sie ein Verhalten nach und nach formen. Hier lernt der Hund Pfote geben. Anfangs gibt es schon für ein kurzes Anheben der Pfote Click und Belohnung. Später wartet die Trainerin auf richtiges Pfotegeben in ihre Hand, bevor sie clickt.

Manche geräuschempfindlichen oder sehr schüchternen Hunde erschrecken sich anfangs vor dem Geräusch des Clickers. Das können Sie vermeiden, indem Sie entweder einen der modernen, leiseren Clicker kaufen oder das Geräusch dämpfen, indem Sie in Ihrer Jackentasche oder in Ihrem Ärmel clicken. Sie können einen Hund auch schrittweise dem Geräusch gegenüber desensibilisieren, bevor Sie mit dem Training beginnen. Mit der Zeit und den richtigen Belohnungen sollte er beginnen, das Geräusch mit Dingen in Verbindung zu bringen, die er gerne mag. Andere Menschen trainieren lieber mit einem Zungenclicken, was bestimmt keinen Stress verursacht.

Der erwartungsvolle Blick des Hundes zeigt, dass er Spaß an diesem Spiel hat.

Um Ihrem Hund die Bedeutung des Clickgeräusches beizubringen, müssen Sie den Clicker »aufladen«. Bieten Sie Ihrem Hund dazu mehrere Leckerchen hintereinander an und clicken Sie jedes Mal, wenn er eins nimmt. So schaffen Sie eine Verbindung zwischen dem Geräusch und dem Futter.

Den Clicker einführen

Man kann zwar einfach sofort mit dem Trainieren und Clicken anfangen, aber viele Menschen stimmen Ihren Hund lieber auf das Geräusch ein, bevor sie anfangen. Das ist sehr einfach und besteht darin, dem Hund ein Stück Futter zu geben und gleichzeitig zu clicken. Indem Sie die Kombination »Click und Leckerchen« mehrmals wiederholen, wird Ihr Hund beginnen, beides miteinander zu verknüpfen, sodass er, wenn er das Clickgeräusch hört, schon bald auf das Leckerchen wartet. Manche Hunde stellen die Verbindung schon nach wenigen Clicks her, andere brauchen länger. Nutzen Sie die Zeit, selbst im Umgang mit dem Clicker vertraut zu werden und Ihr Timing zu schulen.

Ohne Clicker trainieren

Wenn Sie keinen Clicker benutzen möchten, können Sie auch mit anderen Methoden trainieren. Mit einem rechtzeitig gesagten Lobwort und anschließendem Leckerchen erreichen Sie das gleiche Ergebnis.

Dieser Hund lernt durch Locken und Belohnen, im Sitzen »Männchen« zu machen.

Natürlich können Sie auch ohne Clicker trainieren und die Spielanleitungen in diesem Buch lassen für Sie offen, welche Technik Sie anwenden. Konzentrieren Sie sich aber darauf, dass ein bestimmtes Lobwort zur genau richtigen Zeit zu sagen, um optimale Ergebnisse zu erzielen. Es gibt wirklich für jeden die passende Trainingsmethode.

Die »Rolle« können Sie formen, indem Sie Ihren Hund anfangs aus der Platz-Position über seinen Rücken locken.

Verhalten formen, um ein Spiel aufzubauen

Manche Spiele können in kleinere Teile heruntergebrochen und Schritt für Schritt durch Formen trainiert werden.

Sie können nicht von Ihrem Hund erwarten, dass er ein neues und kompliziertes Brain Game sofort kann. Denken Sie über das Spiel nach und brechen Sie es, wenn möglich, in kleinere Bestandteile herunter, die sich einzeln leichter üben lassen. Bringen Sie Ihrem Hund jeden Teil einzeln bei und verbinden dann alles mit einer Kette von Kommandos miteinander. Man beschreibt dieses Vorgehen, mit dem Trainer sich nach und nach dem gewünschten Endverhalten annähern, als »Formen«. Der Hund lernt schrittweise. Weil er immer wieder für kleine Fortschritte belohnt wird, wird er nicht frustriert und gibt nicht so schnell auf, als wenn der Erfolg länger ausbleibt.

Brain Games mit Spielsachen

Es gibt eine große Auswahl an Spielsachen, die Sie Ihrem Hund kaufen können. Es mag ärgerlich sein, wenn Ihr Hund ein Spielzeug zerkaut, aber das sollte Sie nicht davon abbringen, Spielsachen anstatt Stöckchen oder Steinen zu verwenden, und zwar aus den unten genannten Gründen. Es gibt Hundespielzeuge für jeden Geldbeutel, jeden Hund und jede Art von Spiel zu kaufen.

Achten Sie bei Hundespielsachen darauf, dass sie aus stabilem und ungiftigem Material bestehen.

45

Wenn Sie es satt haben, ständig Spielsachen beim Spazierengehen zu verlieren, sollten Sie Ihrem Hund zuverlässiges Apportieren beibringen. Hilfreich sind dabei kleinere, aber bunt gefärbte Spielsachen mit angebrachtem Seil, die man leichter in Gras und Laub entdecken kann.

Der Große und der Kleine! Wenn Sie zwei oder mehr sehr unterschiedlich große Hunde haben, denken Sie daran, dass auch die Spielsachen in der Größe passen müssen.

Sicherheitsüberlegungen

Hunde sind neugierige Wesen und untersuchen gern alles Neue, leider auch gefährliche Gegenstände. Tierärzte bekommen Jahr für Jahr Hunde zu Gesicht, die sich beim Spielen verletzt haben. Bei den Brain Games geht es zwar viel um Ihre Fantasie und Vorstellung, aber achten Sie immer auch auf die Sicherheit der Gegenstände, mit denen Ihr Hund spielt. Wichtig ist die Größe der Spielzeuge, dass sie keine scharfen Kanten haben und dass sie nicht schnell kaputtgehen.

Das Schieflegen des Kopfes ist absolut typisch für Hunde und erinnert uns daran, dass Hunde von Natur aus neugierig sind. Sie lieben es, Gegenstände mit den Zähnen zu untersuchen – achten Sie also darauf, dass die Spielsachen ungefährlich sind.

Größe Wichtig ist, dass das Spielzeug die passende Größe für Ihren Hund hat. Oft werden Bälle und andere kleine Gegenstände versehentlich verschluckt und müssen dann operativ entfernt werden. Wählen Sie im Zweifelsfall immer eine Nummer größer. Bei einem Welpen müssen Sie mit dem Wachstum auch immer wieder mal prüfen, ob das Spielzeug noch von der Größe passt oder ob es zu klein geworden ist und verschluckt werden kann. Lebenslustigen Junghunden passiert es außerdem leichter, dass sie beim ausgelassenen Herumtollen ein Spielzeug verschlucken. Falls Sie mehrere, unterschiedlich große Hunde besitzen, müssen Sie auch verschieden große Spielsachen bereithalten. Entscheiden Sie sich möglichst für größere Varianten und reservieren Sie die kleineren Bälle für Spiele unter Aufsicht.

Achtung: Zu kleine Bälle können verschluckt werden.
Das hier sieht auf den ersten Blick nach sorglosem Vergnügen aus – aber es ist wirklich nicht ratsam, Hunden Stöckchen zu werfen. Ernsthafte Verletzungen an Fang, Hals und Rachen können die Folge sein.

Stöckchen sind ein traditionelles Hundespielzeug, rufen aber bei den meisten Tierärzten und Hundeprofis blankes Entsetzen hervor. Das Risiko einer Verletzung ist die Sache einfach nicht wert. Wenn ein Hund einem vom Besitzer geworfenen Stöckchen nachrennt, kann er sich leicht an einem spitzen Ende aufspießen. Oder es können Stücke abbrechen und im Rachen steckenbleiben, oder Splitter können im Körper wandern und starke Schmerzen verursachen. Es gibt genügend ähnlich geformte Spielzeuge aus Gummi und unendlich viele andere Hundespielzeuge zu kaufen, die nicht viel kosten, sodass es keine Entschuldigung dafür gibt, mit Stöckchen zu spielen. Vermeiden Sie grundsätzlich alle langen und scharfen Gegenstände, die in Maul, Zunge oder Rachen des Hundes schneiden könnten.

Steine Eine andere schlechte Angewohnheit mancher Besitzer, die keine Hundespielsachen haben oder diese vergessen haben, ist es, Steine zu werfen. Meistens suchen diese Leute Steine aus, die man weit werfen kann, sprich die klein genug zum Verschlucken sind. Wenn Hunde Steine zu fangen versuchen, führt das oft zu gebrochenen oder gerissenen Zähnen. Oder der Stein kann den Hund sogar unabsichtlich am Kopf treffen und tödlich verletzen. Steinewerfen kann den Hund auch erst auf die Idee bringen, diese künftig als Spielzeug zu betrachten, was zu starker Abnutzung der Zähne führen kann. Manche Hunde können erstaunliche Mengen von Kieselsteinen verschlucken, sodass eine Operation nötig wird.

Auch Steine haben in der Spielzeugkiste nichts zu suchen. Ein ungeschickt geworfener Stein ist eine ernste Gefahr, außerdem leiden die Zähne.

Hundespielzeuge haben viel auszu-halten – kaufen Sie nur stabile, halt-bare Sachen.

Andere Verletzungsrisiken

Sogar gekaufte Hundespielsachen kön-nen gefährlich sein. Suchen Sie welche aus, die der Beißkraft Ihres Hundes stand-halten können. Wenn Ihr Hund ein starkes Kaubedürfnis hat, sollten Sie ihm die Spiel-sachen nur für kurze Spieleinheiten anbieten und sie ihm wieder wegnehmen, bevor er sie zu zerkau-en beginnt. Ist ein Spielzeug erst einmal beschädigt, überprüfen Sie es gut auf Teilchen, die abgehen und verschluckt wer-den können. Gummibälle, die stabil aussehen, aber innen hohl sind, soll-ten vermieden werden: Wenn sie keine Löcher haben, die freie Luftzirkulation er-möglichen, besteht ein reelles Risiko, dass, wenn Ihr Hund ein Loch hineinbeißt, seine Zunge oder andere Teile des Mauls vom Vakuum ins Bal-linnere gezogen wird und starke Verletzungen entstehen.

Spielzeuge aus Hart-gummi sind gut geeignet.

Falls Ihr Hund gerne Kinderspielsa-chen klaut, räumen Sie diese im-mer weg. Besonders Stofftiere sind gefährlich, wenn die Füllung oder aufgenähte Kleinteile verschluckt werden, die Atemwege oder Verdau-ungstrakt blockieren können.

Ein anderes häufiges Problem entsteht, wenn Hunde Kinderspiel-sachen bekommen. Dass ein Spielzeug auf seine Sicherheit für Kin-der getestet wurde, heißt noch nicht, dass es auch Hundezähnen standhalten wird. Glasaugen, Knöpfe oder Schleifchen an beispiels-weise Teddybären gehören zu den ungeeigneten Dingen, die Hun-de zum Abknabbern verlocken.

Wenn Ihr Hund größere Stücke von seinem Spielzeug abbeißt, soll-ten Sie dieses entsorgen und versuchen, stabileren Ersatz zu fin-den. Die gleiche Regel gilt für Hunde, die gerne die Füllung und das Quietschelement aus Stofftieren reißen. Beides kann beim Verschlucken gefährlich sein, wes-halb Sie diese »Innereien« sofort entsorgen sollten. Auch ein

»ausgeweidetes« Stofftier kann noch eine ganze Weile seine Dienste tun, denn Ihrem Hund ist es egal, wenn es nicht mehr ladenneu aussieht. Alternativ können Sie Spielzeuge ohne Füllung kaufen oder selbst welche basteln (s. Kap. 4).

Schüchternen Hunden das Spielen zeigen

Manchen Hunden fehlt es an Vertrauen, und weil Ängstlichkeit Spielverhalten behindert, ist es wichtig, dass Ihr Hund so entspannt wie möglich ist, bevor Sie ihm ein neues Spiel beizubringen versuchen.

Wenn Ihr Hund sich schnell ängstigt, müssen Sie sehr darauf achten, neue Dinge immer schrittweise einzuführen. Wie genau Sie damit umgehen, hängt davon ab, wovor Ihr Hund Angst hat. Vielleicht müssen Sie besonders auf Ihre Bewegungen achten, da manche Hunde sich von zu überschwänglichen und plötzlichen Bewegungen Ihrer Besitzer erschrecken lassen. Anderen macht es mehr aus, an fremden Orten zu sein oder neue Dinge zu sehen. Wichtig ist, Neues immer langsam und beständig einzuführen und darauf zu achten, dass der Hund immer Spaß dabei hat. Entspannen Sie sich und lassen Sie Ihrem Hund die Zeit, die Spielregeln in einem Tempo zu lernen, das ihm liegt. Zu viel Druck macht es unwahrscheinlicher, dass Ihr Hund Spaß hat.

Falls Ihr Hund ein eher schüchterner Typ ist, gehen Sie die Sache langsam an. Die Brain Games werden ihm helfen, sein Selbstvertrauen zu stärken, aber überfordern Sie ihn nicht mit zu viel Neuem auf einmal.

Vielleicht haben Sie Ihren Hund erst als Erwachsenen bekommen und er hatte bis dahin wenig Erfahrung mit Spielsachen oder Spielinteraktionen überhaupt. Auch bei Hunden, die von kommerziellen Vermehrern stammen oder bei Arbeitshunden, die nur im Zwinger aufgewachsen sind, kann das der Fall sein. Hunde, die nur zusammen mit anderen Hunden, aber mit begrenztem Kontakt zu Menschen großgeworden sind, wissen nicht, wie man mit Menschen spielt. In diesem Fall müssen Sie Zeit in den Aufbau von Vertrauen investieren und Neues langsam einführen.

Ängstlich veranlagte Hunde werden schnell unsicher, wenn der Trainer sich über sie beugt und dabei viele Gesten macht. Führen Sie deshalb jedes neue Spiel langsam und mit Gefühl ein.

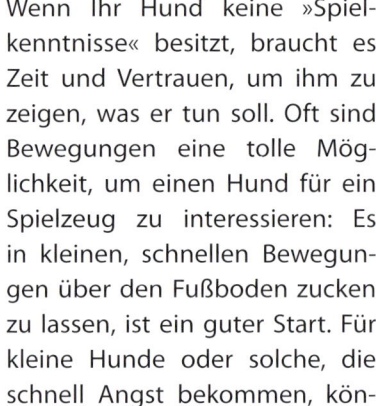

Manche Hunde wurden als Welpen so schlecht sozialisiert, dass es ihnen einfach an Wissen im Umgang mit Menschen fehlt. In diesem Fall müssen Sie zuerst eine vertrauensvolle Bindung aufbauen.

Eins Spielangel für Katzen kann hilfreich für Hunde sein, die nicht wissen, was man mit Spielzeug anfängt: Die Bewegung animiert zur Reaktion.

Wenn Ihr Hund keine »Spielkenntnisse« besitzt, braucht es Zeit und Vertrauen, um ihm zu zeigen, was er tun soll. Oft sind Bewegungen eine tolle Möglichkeit, um einen Hund für ein Spielzeug zu interessieren: Es in kleinen, schnellen Bewegungen über den Fußboden zucken zu lassen, ist ein guter Start. Für kleine Hunde oder solche, die schnell Angst bekommen, können Sie auch ein an einer »Angel« angebrachtes Katzenspielzeug verwenden. Anfangs reicht es, wenn Sie Ihren Hund nur dazu bewegen können, dem Spielzeug Aufmerksamkeit zu schenken oder ein paar Schritte darauf zu zu machen. Wenn er erst einmal hinschaut, wird er sich vermutlich auch trauen, hinzugehen. Kurze Spieleinheiten sind in solchen Fällen sinnvoll. Es mag nur langsam vorangehen, aber wenn Sie dadurch das Leben Ihres Hundes mit Spiel bereichern können, ist es die Sache auf jeden Fall wert.

Tierschutzhunde

Wenn Sie einen Hund aus dem Tierschutz übernommen haben, sollten Sie ihm etwas Zeit zur Eingewöhnung gönnen und erst

Bei Hunden aus dem Tierschutz kann es dauern, bis sie sich richtig zuhause fühlen. Übereilen Sie nichts, das wäre kontraproduktiv.

Falls Ihr Hund Ihren Rückruf ignoriert, versuchen Sie es mit einer Schleppleine.

dann ein paar einfache Spiele ausprobieren, um zu sehen, was ihm gefällt. Versuchen Sie nicht, ihn zum Spielen zu zwingen und übertreiben Sie es auch nicht mit dem Spielen: Ihr Hund muss erst einmal zu sich kommen und lernen, Ihnen zu vertrauen. Wenn Sie erst ein Gefühl für seine Persönlichkeit und seine Vorlieben gewonnen haben, können Sie Ihre Bindung über neue, gemeinsame Spiele festigen.

Probleme vermeiden und lösen

Die Brain Games sollten Ihrem Hund und Ihnen Spaß machen. Trotzdem kann es manchmal zu kleineren Problemen kommen, die man gleich angehen sollte.

Weglaufen Wenn Ihr Hund wegläuft und nicht mehr auf Ihr Rufen reagiert, müssen Sie ihn während des Spielens anleinen, zumindest so lange, wie Sie ihm zeigen, dass das Zusammensein mit Ihnen Spaß macht. Dabei bietet eine lange Schleppleine ihm mehr Freiheit und sichert Ihnen die Kontrolle. Gehen Sie im Training einen Schritt zurück und üben Sie den Rückruf. Spielen Sie so lange an Orten ohne Ablenkungen, um es Ihrem Hund leichter zu machen.

Dinge nicht mehr hergeben Wenn Ihr Hund einen Gegenstand nicht mehr hergeben möchte, müssen Sie unbedingt ruhig und entspannt bleiben. Wir neigen dazu, ärgerlich zu werden und unseren Hunden »Aus!« zu befehlen, wenn das passiert, aber das führt nur

Tipps

- *Wählen Sie für die ersten Spielversuche oder das Einführen eines neuen Spielzeugs einen abgesicherten Ort.*

- *Lassen Sie den Hund einen neuen Ort oder neue Gegenstände untersuchen und entdecken, bevor Sie anfangen.*

- *Brechen Sie das neue Spiel in kleine Schritte auf, die Ihr Hund leicht bewältigen kann und belohnen Sie ihn für jeden Erfolg.*

zu Angst und steigert die Wahrscheinlichkeit, dass Ihr Hund ungewünscht reagiert. Wenn Sie einem Hund das Apportieren beibringen, achten Sie darauf, nicht sofort nach dem Gegenstand in seinem Maul zu greifen. Das macht den Hund oft argwöhnisch und er beginnt, den Kopf von Ihrer Hand wegzudrehen. Loben und streicheln Sie ihn erst und halten Sie ihn dann sanft mit einer Hand am Halsband, während Sie die andere unter das Apportel halten. Warten Sie, bis der Hund es loslässt. Seien Sie geduldig! Die ersten Erfahrungen Ihres Hundes hiermit sind es, die wichtig sind. In dem Moment, in dem er loslässt, sagen Sie »Aus« und loben ihn ausgiebig. Sie können ihm zur Belohnung entweder ein Leckerchen geben oder das Spielzeug erneut werfen. Indem Sie ihn so lange an langer Leine halten, bis er gelernt hat, dass Zurückbringen viel mehr Spaß macht, können Sie verhindern, dass er mit dem Gegenstand wegläuft.

Mit Sicherheit wird es auch Momente geben, in denen Ihr Hund einfach keine Lust zum Spielen hat. Versuchen Sie ihn mit Stimme und Körpersprache zu motivieren, aber erzwingen Sie nichts, wenn er darauf nicht reagiert.

Ziel ist, dass der Hund Ihnen auf Verlangen das Spielzeug in die Hand gibt. Haben Sie Geduld und belohnen Sie gutes Verhalten mit einem Leckerchen und viel Lob.

Desinteresse am Spiel Manchmal kann es schwierig sein, einen Hund in Spiellaune zu bringen. Eins der größten Hemmnisse ist geringes Vertrauen – achten Sie also darauf, dass Ihr Hund sich sicher und entspannt fühlt. Außerdem sollte die Umgebung möglichst ablenkungsarm sein – damit sind auch andere Haustiere und Menschen gemeint. Ihr eigenes Verhalten ist wichtig: Sprechen Sie in fröhlichem Tonfall und benehmen sich »positiv aufge-

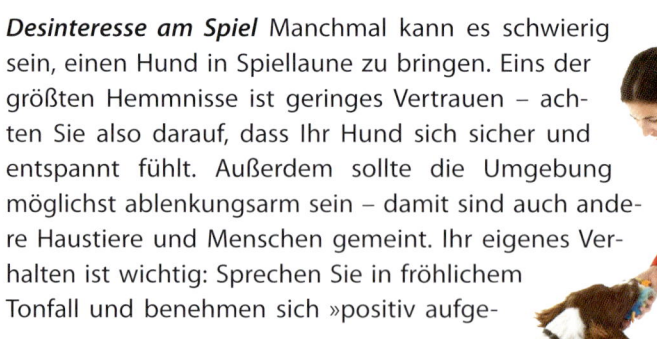

regt«. Überlegen Sie, ob das Spiel, das Sie vorhaben, auch körperlich für Ihren Hund machbar ist. Teilen Sie es in kleine Komponenten auf und belohnen Ihren Hund gut, wenn er Interesse zeigt. Versuchen Sie anfangs, die Spiele kurz zu halten und übermüden Sie Ihren Hund nicht, da seine Motivation sonst leidet. Wenn Ihr Hund gerade gefressen oder sehr viele Leckerchen bekommen hat, wird er auch nicht besonders zum Spielen aufgelegt sein. Lassen Sie ihn dann eine Weile ruhen und warten, bis sein Appetit zurückkehrt. Wenn er wirklich nicht mitspielen möchte, überlegen Sie sich vielleicht ein anderes Spiel. Nehmen Sie sich Zeit, zu überdenken, wie Sie ihn für das Spiel Ihrer Wahl begeistern könnten.

Hilfreich ist, ein Trainingstagebuch zu führen. So können Sie Erfolge aufzeichnen und sehen leichter, woran Sie noch üben müssen.

Zu viel Enthusiasmus Wenn Sie einen sehr energiegeladenen Hund haben, gönnen Sie ihm erst etwas Bewegung, bevor Sie zu spielen oder trainieren versuchen. Anfangs kann eine Leine Ihnen mehr Kontrolle geben. Verhalten Sie selbst sich gleichbleibend ruhig, um den Hund nicht zusätzlich aufzudrehen.

Den Fortschritt festhalten

Denken Sie daran, dass nicht nur Ihr Hund Motivation braucht, um bei den Spielen mitzumachen. Es ist fantastisch, wenn man zusehen kann, wie unsere Hunde sich verbessern und neue Dinge lernen, aber manche, etwas schwierigere Aufgaben brauchen auch ihre Zeit, bis sie beherrscht werden. Manchmal kann es sich sogar so anfühlen, als würde es gar nicht vorangehen. Schreiben Sie auf, wie oft sie trainiert haben und notieren Sie Ihre Versuche und Ergebnisse, um eine realistischere Vorstellung davon zu bekommen, ob Ihr Hund Fortschritte macht oder nicht oder wo mögliche Probleme liegen. Besonders schön ist es, wenn man dann am Ende »Geschafft!« notieren kann!

Sehr energiegeladene Hunde müssen oft erst ein wenig Dampf ablassen, bevor Sie sich auf ein Brain Game konzentrieren können.

Handzeichen benutzen

Kommunikation ist ein sehr komplexer Prozess und verschiedene Lebewesen gewichten Stimm- und Sichtzeichen unterschiedlich stark. Als Menschen konzentrieren wir uns beim Training unserer Hunde eher auf Wörter und vergessen, was der ganze Rest unseres Körpers gerade tut. Hunde dagegen kommunizieren hauptsächlich über Körpersprache und Bewegung, sodass wir uns unbedingt bewusst machen sollten, was unsere eigenen Bewegungen bedeuten könnten und dass manche unserer Gesten für den Hund sehr verwirrend sein können.

»Bitte tu mir nichts«: Der kleinere Hund zeigt mit seiner Körpersprache typische Unterwerfungssignale, indem er sich auf den Rücken rollt und der Dogge den Bauch zeigt.

Beim Trainieren neuer Aktionen ist es hilfreich, anfangs eine Geste zu nutzen, um den Hund in Position zu locken. Diese Lockbewegung kann später zu unserem verlässlichen Handzeichen werden. Wenn wir zum Beispiel einen Welpen ins »Platz« locken, wird die Handbewegung, mit der wir ihn anfangs zu Boden gelockt haben, später zu einer subtileren, nach unten zeigenden Geste. Da Ihr Welpe dafür belohnt wurde, auf die Bewegung zu reagieren, bildet er bald eine starke Verknüpfung zwischen der Geste und seiner Handlung. Das macht wortlose Kommunikation mit Ihrem Hund möglich. Diesen Vorteil machen sich zum Beispiel auch Trainer zunutze, die Hunde für stumme Menschen ausbilden. Hunde sind sogar so gut auf die Körpersprache ihres Besitzers eingestimmt, dass sie darauf oft besser reagieren als auf Worte, besonders, wenn sie noch jung sind und gerade erst lernen, menschliche Signale zu deuten.

Handzeichen für »Platz«.

»Platz« wird trainiert, indem man den Hund mit einem Leckerchen in die gewünschte Position lockt. Wenn er verstanden hat, worum es geht, kann das Leckerchen später weggelassen werden und die Handbewegung wird zum Signal für ihn.

Hörzeichen einführen

Unsere Körpersprache ist zwar für Hunde sehr wichtig, aber wir kommen auch nicht ganz um den Einsatz gesprochener Kommandos herum. Hunde können beeindruckend gut lernen, auf die Stimmsignale ihrer Besitzer zu reagieren. Es gibt Berichte von Hunden, die auf über 200 Hörzeichen ihrer Besitzer korrekt reagieren. Das mag wie ein unerreichbares Ziel klingen, aber auch Ihr Hund kann eine große Anzahl an Hörzeichen lernen, wenn Sie genug üben.

Der erste Fehler, den wir bei Hörzeichen machen, ist, dass wir sie dem Hund gegenüber gern wiederholen, wenn er nicht reagiert. Bedenken Sie: Bis Sie es Ihrem Hund nicht explizit beigebracht haben, hat er keine Ahnung, was das Geräusch bedeuten soll, das Sie da machen. Haben Sie Geduld. Führen Sie das Hörzeichen erst dann ein, wenn Ihr Hund die Aktion, die Sie gern damit verknüpfen möchten, schon ausführt. Ihr Hund muss im Grunde eine Fremdsprache lernen, um mit Ihnen umzugehen, und er kann sehr leicht Fehler machen, wenn Sie Ihre Botschaft nicht ganz glasklar herüberbringen.

Das Erlernen von Hörzeichen erweitert Ihr Training um eine weitere Ebene. Führen Sie diese erst ein, wenn der Hund die gewünschte Aktion schon ausführt. So verknüpft er das neue Geräusch mit der bestimmten Bewegung.

Wie gut Hunde darin sind, die menschliche Körpersprache zu deuten, wird klar, wenn man einem Assistenzhund in Aktion zuschaut. Manche Hunde sind so sensibel gegenüber den Bedürfnissen ihrer Besitzer, dass sie fast wie ein weiteres Paar Augen, Ohren oder Hände funktionieren.

So zeigen Sie einem Welpen, was »Sitz« bedeutet.

Wenn Sie einem Welpen, der an Ihnen hochspringt, »Sitz!« zurufen, verwirrt das nur die Lage.

Ein häufiges Szenario ist, einem Welpen, der Sie gerade anspringt, »Sitz!« zuzurufen. Aus dieser Erfahrung lernt der Welpe: Anspringen und das Geräusch »Sitz« treten immer zusammen auf.

Zuerst machen Sie ihn mit einem Leckerchen in der Hand auf sich aufmerksam. Bewegen Sie es dann langsam nach oben über seinen Kopf.

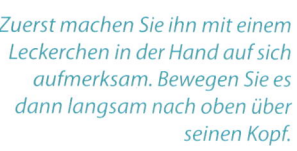

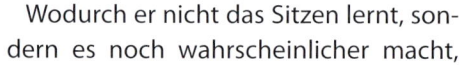

Wodurch er nicht das Sitzen lernt, sondern es noch wahrscheinlicher macht, dass er Sie weiterhin anspringt oder zumindest nicht mehr auf Ihren »Sitz-Befehl« reagiert.

Wenn er sich auf seinen Popo fallen lässt, sagen Sie »Sitz« und belohnen ihn sofort. Nach einigen Wiederholungen wird »Sitz« zum Auslöser für das Verhalten »Hinsetzen«.

Richtig wäre, ihm zuerst mit Hilfe von Locken das Sitz beizubringen und ihn dafür zu belohnen. Erst, wenn er sitzt, führen Sie das Kommando »Sitz!« ein. Verbinden Sie die Aktion und das Wort oft genug miteinander, und er wird allmählich verstehen. Nach und nach können Sie dann damit beginnen, das Hörzeichen kurz vorher zu geben, bevor Ihr Welpe auf das Handsignal oder die Lockhand reagiert. Er wird lernen: Wenn er das Wort »Sitz« hört, soll er sich hinsetzen und wird dafür belohnt. Wenn Sie in dieser Reihenfolge vorgegangen sind, können Sie auch ruhig »Sitz« sagen, falls er Sie anspringt – er wird erinnern, was zu tun ist und richtig reagieren.

Denken Sie daran: Wiederholen Sie Ihr Kommando nicht, wenn es nicht beim ersten Mal zur gewünschten Reaktion führt. Geben Sie dem Hund Zeit zum Nachdenken und Reagieren, besonders, wenn Sie gerade erst mit dem Trainieren beginnen. Mehrfachwiederholungen eines Worts schlagen meist fehl, weil der Hund anfängt, auf diese Wortkette anstatt auf das beabsichtigte einzelne Wort zu reagieren. Also müssen Sie irgendwann statt eines einfachen »Sitz« dann immer »Sitz-sitz-sitz-sitz« sagen. Außerdem laufen Sie Gefahr, Ihren Hund diesem Wort gegenüber völlig abzustumpfen oder es mit etwas anderem zu verknüpfen, das er gerade tut oder sieht. Wenn eins dieser Probleme auftritt, gehen Sie einen Schritt zurück und überlegen, warum Ihr Hund nicht reagiert. Falls er abgelenkt ist, gewinnen Sie zuerst seine Aufmerksamkeit, bevor Sie deutlich Ihr Kommando sagen. Achten Sie auf Ihre Körpersprache und Ihren Tonfall, denn wenn Sie frustriert sind, könnte Ihr Hund die Signale dafür erkennen und ebenfalls gestresst werden.

Die meisten Hunde lernen neue Lektionen erstaunlich schnell. Auch ein Welpe wird sich schon bald auf kleine Handzeichen willig hinsetzen.

Signale minimieren

Wenn Sie erstmals ein neues Signal einüben, müssen Sie wahrscheinlich mit großen, deutlichen Gesten und übertriebenem Locken arbeiten. Wenn Ihr Hund zu verstehen beginnt, worum es geht, können Sie die Signale zu minimieren beginnen. Nach ein paar Wiederholungen wird Ihr Hund vorauszuahnen beginnen, was Sie möchten, wenn Sie zu Ihrem Signal ansetzen. Verkürzen Sie dies Version Ihres Handzeichens jedes Mal ein bisschen weiter und achten Sie darauf, Ihren Hund jedes Mal sofort für die richtige Reaktion zu belohnen. Versuchen Sie, mit möglichst minimalen Signalen zu arbeiten und beeindrucken damit Ihre Zuschauer!

Wenn es nicht läuft wie geplant

Wenn eine Trainingssitzung nicht zu dem führt, was Sie erwartet haben, kann das sehr frustrierend sein. Und frustrierte Menschen machen mit höherer Wahrscheinlichkeit Fehler, sind inkonsequent im Vorgehen, verlangen zu viel vom Hund und greifen auf Strafe zurück.

Der beste Plan kann schiefgehen. Es wird immer wieder einmal vorkommen, dass nicht alles so läuft wie gewünscht.

Wenn Sie Probleme haben, hilft es immer, einen Schritt oder zwei im Training zurückzugehen, um die Grundlagen zu festigen.

Wenn Ihr Hund die Lektion nicht versteht, die Sie ihm beibringen möchten, hören Sie auf, gehen Sie einen Schritt zurück und überdenken gut, was Sie tun. Es gibt einen Grund dafür, warum er nicht begreift, und meistens liegt es daran, dass der Mensch das Gewünschte nicht klar vermittelt. Wenn Ihr Hund eine Zeitlang erfolglos herumprobiert hat, machen Sie Pause und lassen ihn entspannen. Stellen Sie sicher, dass Ihre Belohnungen hoch motivierend sind und gehen Sie gedanklich alle möglichen Gründe für sein mangelndes Interesse durch.

Keine Strafen beim Spielen

Jetzt, wo die Stange niedriger gehalten wird, ist der Sprung ein Kinderspiel.

Brain Games sollen Spaß machen und Strafe sollte sich erübrigen. Macht Ihr Hund einen Fehler, unterbrechen Sie das Spiel und versuchen es neu. Wenn er den Fehler wiederholt, hat er die Aufgabe, die Sie ihm stellen, missverstanden. Gehen Sie Ihre Schritte nochmals durch und stellen sicher, dass er die Anfangsschritte erfolgreich absolviert. Falls Ihr Hund zu aufgeregt wird oder sich inakzeptabel benimmt, beenden Sie das Spiel. Während er sich beruhigt, überlegen Sie, was falsch gelaufen sein könnte. Wenn Sie ärgerlich werden oder ihn strafen, ist es wahrscheinlich, dass er noch aufgeregter oder ängstlicher wird oder sich das Problemverhalten verstärkt.

Falls Sie für ein Spiel aus diesem Buch besondere Gegenstände brauchen, gibt das Infokästchen darüber Auskunft.

Vielleicht reagiert Ihr Hund frustriert, wenn er ein Leckerchen erwartet, aber nicht bekommt – etwa, weil sich die Spielregeln plötzlich geändert haben oder weil er verwirrt ist. Helfen Sie ihm die ersten paar Male zum Erfolg und reduzieren dann nach und nach Ihren Input und lassen ihn dann selbst das Spiel durchdenken. Wenn Ihr Hund verwirrt ist, probiert er möglicherweise viele verschiedene Dinge aus, die ihm früher schon einmal Belohnungen eingebracht haben. Bestrafen Sie ihn nicht für diese Fehler, sondern achten einfach nur darauf, ihn nicht für Dinge zu belohnen, die Sie nicht verlangt haben. Geben Sie ihm einen Moment Zeit zum Nachdenken und gehen Sie, wenn nötig, einen Schritt zurück, um ihm bei der Bewältigung der Aufgabe zu helfen.

Gut vorbereitet sein

Zu jeder Spielbeschreibung in diesem Buch gehört eine Liste der Dinge, die Sie dazu benötigen. Ein bisschen Vorbereitung vor dem Spiel lohnt sich, besonders, wenn Sie sich selbst ein Spiel ausdenken. Überlegen Sie, was Sie brauchen, ob Sie Helfer brauchen, was Ihr Kommandowort sein wird und wo Sie mit dem Training beginnen werden.

Halsband oder Geschirr müssen gut passen und in gutem Zustand sein.

Ausrüstungscheck Sie sind jederzeit für die Sicherheit Ihres Hundes verantwortlich, wählen Sie deshalb seine Ausrüstung mit Bedacht aus. Grundlegende Dinge wie Halsband oder Geschirr müssen gut passen und unbeschädigt sein. Offizielle Hundesportarten schreiben oft bestimmte Ausrüstungsgegenstände vor – erkundigen Sie sich in dem Fall, was gefordert ist.

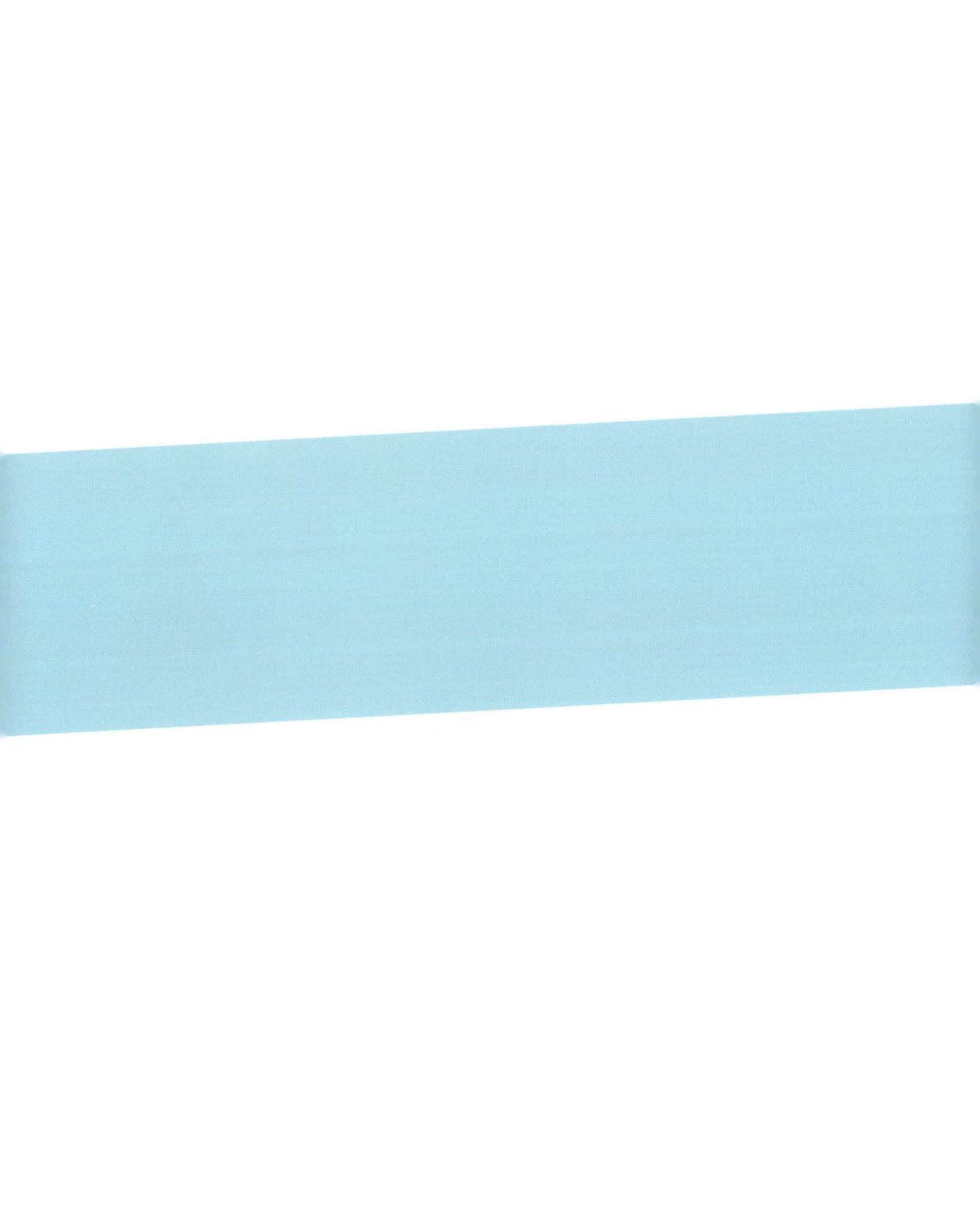

LASST DIE SPIELE BEGINNEN

KAPITEL 3

Welpenspiele

Solospiel
Hund alleine

Wo:	Beliebiger Ort, an dem Gegenstände vorhanden sind, die ihn ggf. zum Kauen verleiten könnten.
Schwierigkeitsgrad:	☆ Einfach
Benötigt:	Verschiedene Kauspielzeuge.

Ein Welpe hat in der Regel viel Energie und Begeisterung fürs Spielen übrig. Ohne jede Führung könnte es aber sein, dass Ihr Welpe sich selbst Spiele ausdenkt, die Sie nicht so toll finden, weil er gerne seine Zähne einsetzt oder etwas hinterherjagt. Was unerfreulich ist, wenn er in Ihre Hände beißt oder Ihre Zehen jagt. Wenn Sie Ihrem Welpen richtiges Spielen beibringen, wird er seinen Beißdrang auf seine Spielsachen umlenken. Erwarten Sie nicht, dass er einfach von sich aus mit den Dingen spielt, die Sie ihm kaufen: machen Sie sie interessant für ihn und loben ihn für erwünschtes Verhalten.

Kauspaß für Welpen

Alle Welpen müssen auf etwas herumbeißen, wenn sie heranwachsen. Manche Rassen haben ein größeres Bedürfnis danach als andere, aber die meisten haben genügend Potenzial, um in Ihrer Wohnung oder an Ihren Sachen erheblichen Schaden anzurichten. Kauen ist eine natürliche und normale Beschäftigung. Erwarten Sie also nicht von Ihrem Welpen, dass er nie etwas zerbeißt, sondern bringen Sie ihm bei, dies nur mit seinen Spielsachen zu tun.

Geeignete Kausachen
Versorgen Sie Ihren Welpen mit einer Auswahl von verschieden großen und geformten Spielsachen unterschiedlicher Materialien. Er wird vermutlich besondere Vorlieben haben, aber seine Lieblingsspielzeuge können sich auch je nach Laune, Hunger oder möglichen Schmerzen beim Zahnen ändern. Sie müssen bei jedem Hund etwas Zeit darin investieren, ihm ein neues Spielzeug und den richtigen Umgang damit zu zeigen, aber für Welpen gilt das ganz besonders.

Nylabone Kauknochen
Die Nylabone®-Produkte sind besonders für Welpen mit ihren noch schwachen Zähnchen entwickelt und kommen dem Kaubedürfnis entgegen. Es gibt essbare und nicht essbare Varianten. Später können Sie zu den Nylabone-Produkten für erwachsene Hunde wechseln.

Aktivspielzeuge für Welpen
Viele dieser Sachen sind aus stabilem Gummi gemacht, der trotzdem weich genug für Welpenmäulchen ist. Denken Sie daran, sie gegen Erwachsenenspielzeuge auszutauschen, wenn Ihr Welpe größer wird. Das Prinzip der meisten Aktivspielsachen ist, dass sie in der Mitte einen Hohlraum haben, der mit Futter oder Leckerchen gefüllt werden kann, sodass der Hund mit der »Futterbergung« beschäftigt ist.

Kauartikel aus Rohhaut
Aus Rinderhaut werden alle möglichen Kausachen für Hunde hergestellt. Kaufen Sie nur welche aus Herkunftsländern mit verlässlichen Sicherheitsstandards (Stichwort Pestizide!) und entfernen Sie Kleinteile, die in die Luftwege geraten könnten. Kaufen Sie unterschiedlich große oder geformte Kauartikel, damit es für Ihren Hund interessanter bleibt.

Aktivspielzeuge schmackhaft machen
Machen Sie es Ihrem Welpen anfangs betont leicht, sonst könnte es sein, dass er aufgibt. Loben und ermuntern Sie ihn, sich mit dem Spielzeug zu beschäftigen. Vielleicht müssen Sie es ihm anfangs festhalten, wenn er am darin versteckten Futter zu lecken beginnt. Irgendwann wird er es selbst nehmen und sich zufrieden damit beschäftigen. Ermuntern Sie ihn immer mal wieder und verstecken Sie zur Abwechslung unterschiedliche Leckerchen darin. Üben Sie das Apportierspiel mit einem dieser Spielzeuge und nutzen die Gelegenheit, mehr Futter hineinzupacken, wenn Ihr Welpe es zu Ihnen zurückbringt. Wenn Sie alles richtig machen, sollte Ihr Welpe Spaß daran haben, sich lange Zeit allein mit dem Spielzeug zu beschäftigen.

Interaktives Spiel
Hund und Besitzer

Wo:	Anfangs an Ort mit wenig Ablenkung.
Schwierig-keitsgrad:	☆ ☆ Mittel
Benötigt:	Lieblingsspielzeug, Leckerchen oder ein anderes Spielzeug zum Tauschen.

Apportieren für Welpen

Uns mag es ganz normal vorkommen, dass ein Hund einem Spielzeug hinterherjagt und es seinem Besitzer zurückbringt. Dabei lernen viele Hunde nie, wie das geht und ihre Besitzer müssen die geworfenen Bälle letzten Endes selbst wieder einsammeln. Bringen Sie Ihrem Welpen zunächst das grundlegende Apportieren bei, daraus können Sie dann später viele weitere, schwierigere Sachen entwickeln.

Grundfertigkeiten aufbauen

Wiederholen Sie das rechts gezeigte Spiel nur wenige Male pro Sitzung, weil ihr Welpe sich sonst langweilen oder müde werden könnte. Machen Sie Pause und spielen Sie später weiter. Üben Sie mit verschiedenen Spielsachen und an verschiedenen Orten, damit Ihr Welpe das Spiel richtig lernt.

Um das formalere Abgeben der Gegenstände können Sie sich später kümmern – im Frühstadium sollten Sie eher darauf Wert legen, dass Ihr Welpe Spaß am Apportieren hat als darauf, wie genau er das Apportel ausgibt. Das kann er später immer noch lernen, falls Sie vorhaben, in Arbeitsprüfungen oder Obedience zu starten.

Falls Ihr Welpe zum Wegrennen mit dem Spielzeug neigt, können Sie dieses entweder an einer leichten Schnur befestigen oder eine Hausleine am Halsband Ihres Hundes anbringen. Damit können Sie ihn am Wegrennen hindern, sollten sie aber nie dazu nutzen, ihn zu sich zu ziehen. Diese Technik eignet sich auch für ältere Hunde, die sich ungewollte Dinge angewöhnt haben.

Wenn Ihr Welpe mit der Zeit besser wird, können Sie das Spielzeug immer weiter weg werfen. Wenn Sie ein besonders schlechter Werfer sind oder Schmerzen in der Schulter haben, können Sie einen Ball mit Seil oder sogar eine spezielle Ballschleuder benutzen, um größere Wurfentfernungen zu erreichen.

Das Basis-Apportierspiel

Machen Sie bei einem kleinen Welpen nicht den Fehler, das Spielzeug sehr weit zu werfen. Rollen Sie anfangs nur einen Ball oder werfen Sie ein Spielzeug nur sehr kurz.

Sobald Ihr Hund das Spielzeug packt, rufen Sie ihm »Guter Hund!« zu und zeigen sich begeistert, was ihn dazu bringen sollte, mitsamt Spielzeug zu Ihnen zurückzukommen.

Tipp

Lassen Sie sich nicht zu einem Zerrspiel verleiten, wenn Sie das nicht ausdrücklich wollten. Halten Sie Ihre Hand ruhig und nahe am Körper und Sie werden feststellen, dass Ihr Hund schnell aufgibt, denn Zerren macht keinen großen Spaß, wenn Sie nicht mitspielen.

Versuchen Sie, ihm Ihre Belohnung erst dann zu zeigen, wenn er wieder bei Ihnen ist. Viele Welpen neigen nämlich dazu, das Spielzeug fallen zu lassen, sobald sie die Belohnung erspähen. Vermeiden Sie auch, nach dem Spielzeug in seinem Fang zu greifen. Nehmen Sie sich einen Moment Zeit, um ihn fürs Zurückkommen zu loben und halten Sie eine gewölbte Hand unter das Spielzeug, während Sie mit der anderen ein Leckerchen anbieten. In dem Moment, in dem Ihr Welpe das Spielzeug fallenlässt, können Sie »Aus!« oder ein anderes gewähltes Kommando sagen und das Leckerchen geben.

Manche Hunde tauschen lieber gegen ein anderes Spielzeug. Wenn Ihr Welpe nicht gerne loslässt, bleiben Sie entspannt. Wenn Sie ungeduldig und angespannt werden, wird sich das auf ihn übertragen und es wird unwahrscheinlicher, dass er das Spielzeug hergibt.

Warten Sie einfach ab und bleiben Sie mit Stimme und Körper entspannt. Irgendwann wird Ihr Hund schon loslassen – dann können Sie ihn belohnen und er wird beim nächsten Mal schneller loslassen, weil er auf die Belohnung wartet.

3

Geh ins Körbchen

Die meisten Besitzer wünschen sich, ihren Hund irgendwo zum ruhigen Hinlegen schicken zu können. Das macht es wesentlich entspannter, sich um Gäste oder Hausarbeit zu kümmern: Sie können Ihren Hund einfach wegschicken, wenn Sie nicht möchten, dass er um Ihre Aufmerksamkeit bettelt oder Sie anspringt.

Leider wird »Ins Körbchen« häufig eher als Wegschicken anstatt als fröhliches Spiel praktiziert. Wenn Sie ein wenig Zeit investieren, Ihrem Hund beizubringen, schnell zu seinem Bett zu laufen und sich hinzulegen, um sich eine Belohnung zu verdienen, wird er für Sie verlässlicher und angenehmer im Zusammenleben. Außerdem können Sie diese Technik auch für andere Trainingsaufgaben nutzen.

Sie können Ihrem Welpen also beibringen, zu seinem Bett zu gehen und sich hinzulegen. Dazu muss er unbedingt gerne zu diesem Ort gehen, also belohnen Sie ihn gut, wenn er es auf Wunsch tut. Achten Sie anfangs auf möglichst wenige Ablenkungen. Sie werden mehr Erfolg haben, wenn Sie zu ruhigeren Zeiten üben als dann, wenn er aufgedreht und aufgeregt ist.

Interaktives Spiel
Hund und Besitzer

Wo:	Anfangs neben dem Hundebett, später an anderen Orten, an denen er sich hinlegen und ruhen soll.
Schwierigkeitsgrad:	☆☆ Mittel Das Kommando »Platz« ist hilfreich.
Benötigt:	Hundebett, Leckerchen und Kauartikel.

Locken und belohnen

Anfangs steht der Welpe neben Ihnen, während Sie sich nah vor sein Bett hinhocken. Werfen Sie ein gutes Leckerchen hinein, um das Training zu eröffnen.

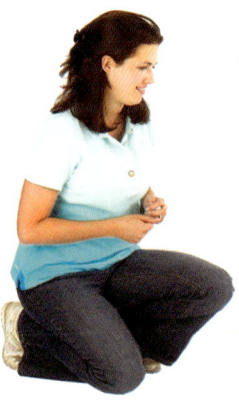

Lassen Sie ihn zum Leckerchen vorgehen. Sobald er in/auf das Bett klettert, loben Sie ihn und werfen ein weiteres Leckerchen. Zum Weiterüben warten Sie entweder, bis er sein Bett wieder verlassen hat oder rufen ihn heraus und wiederholen dann das Ganze.

In dieser Phase ist es noch egal, ob Ihr Welpe nur auf dem Bett steht oder sich hinlegt, während sie ihn belohnen. Vorerst wollen Sie ihm nur beibringen, dass es toll ist, wenn er auf seinen Platz geht.

»Platz« einführen

Im nächsten Schritt bringen Sie Ihren Welpen dazu, sich hinzulegen, bevor Sie ihm das Leckerchen geben.

Manche Welpen muss man anfangs in Liegeposition locken – je nachdem, wie gut Sie das »Platz«-Kommando vorher schon geübt haben. Sobald der Hund liegt, gibt es das Leckerchen.

Welpen lernen bemerkenswert schnell, was wir von ihnen möchten – besonders, wenn es eine Belohnung gibt.

Üben Sie das Schicken ins Körbchen erneut und helfen Sie ihm lernen, dass er sich jetzt auch hinlegen muss, um das Leckerchen zu verdienen. Sobald er das verstanden hat, wird er sich schneller in Position legen.

Das Wortkommando einführen

Sobald Ihr Welpe die gewünschte Handlung ausführt, können Sie Ihr Wortkommando einführen. Beim nächsten Mal, wenn er in sein Bett geht, sagen Sie »Ins Körbchen« oder was auch immer Sie sich dafür ausgedacht haben und loben ihn. Dann können Sie ihm ein weiteres Leckerchen dafür werfen, dass er drinbleibt und nochmals »Ins Körbchen« sagen. Diesen Schritt müssen Sie mehrmals wiederholen, damit Ihr Welpe die richtige Verknüpfung bilden kann. Üben Sie möglichst mehrmals am Tag für jeweils ein paar Mal.

Üben Sie jetzt, ohne vorher das Leckerchen zu werfen. Ihr Welpe wird inzwischen mit der Wurfgeste vertraut sein und Sie können daraus Ihr Signal für »Ins Körbchen« formen. Sagen Sie »Ins Körbchen«, wenn er in Nähe seines Bettes kommt, loben Sie ihn, sobald er hineingesprungen ist und werfen dann das Leckerchen zur Belohnung hinein.

Mit Handsignal

Üben Sie nun aus größerer Entfernung und aus allen Bereichen des Raums, sodass Ihr Welpe von überall aus »Ins Körbchen« gehen kann. Wechseln Sie die Belohnungen ab, die Sie ihm anbieten. Je größer die Entfernung war, desto besser sollte die Belohnung sein. So wird er schon bald zum Körbchen flitzen!

Beginnen Sie nun die Zeit zu steigern, die er im Körbchen bleiben soll. Bieten Sie ihm dazu zusätzlich Kauartikel oder ein Aktivspielzeug in seinem Bett an. Idealerweise bringen Sie ihm bei, so lange im Bett zu bleiben, bis Sie ihn mit einem Auflösekommando freigeben oder ihn herausrufen.

Tipp

Ihr Welpe wird mit dem Aufenthalt in seinem Bett viele positive Verknüpfungen bilden, sodass Sie irgendwann gar keine Leckerchen mehr geben müssen. Das Bett bleibt aber immer der ideale Ort, um Kausachen oder Aktivspielzeuge anzubieten, egal, wie alt Ihr Hund ist.

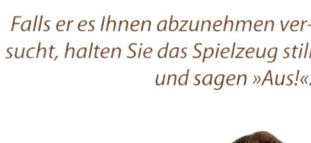

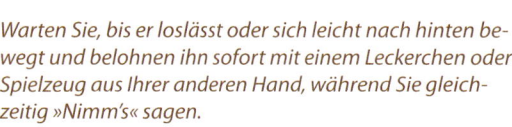

Interaktives Spiel
Hund und Besitzer

Wo:	Beliebiger Ort, an dem Ihr Welpe entspannt ist
Schwierigkeitsgrad:	☆☆ Mittel
Benötigt:	Spielsachen und Leckerchen.

»Nimms« und »Gib aus«

Alle Hunde sollten auf ein Kommando reagieren, das ihnen sagt: Hör auf mit dem, was du gerade zu. Meistens ist das »Aus!« oder »Gib aus!« und man kann es zu einem Kontrollspiel machen. Bestärken Sie dieses Kommando am besten in kurzen Trainingssitzungen, denn dann haben Sie mehr Erfolgsaussichten in Situationen, in denen es vielleicht lebenswichtig ist, dass Ihr Hund gehorcht. Außerdem wird es mit diesem Kommando leichter, einige der schwierigeren Brain Games in diesem Buch zu spielen.

»Gib's aus« üben

Beginnen Sie mit einem Spielzeug, das Ihr Hund zwar gerne mag, das aber nicht ausgerechnet sein Lieblingsspielzeug ist. Wackeln Sie etwas damit herum, um sein Interesse zu wecken.

Falls er es Ihnen abzunehmen versucht, halten Sie das Spielzeug still und sagen »Aus!«.

Warten Sie, bis er loslässt oder sich leicht nach hinten bewegt und belohnen ihn sofort mit einem Leckerchen oder Spielzeug aus Ihrer anderen Hand, während Sie gleichzeitig »Nimm's« sagen.

Achten Sie darauf, dass er Sie nicht mit der Pfote anstößt, bevor Sie die Belohnung geben. Im Lauf des Übens sollte er sich immer besser zurückhalten oder mit dem »Bepföteln« aufhören, wenn Sie »Aus!« sagen.

In dieser Lektion können Sie das Wortsignal schon früh einführen. Welpen lernen es so schnell, dass es kaum etwas zu ändern scheint, wenn Sie mit Ihrem »Aus«-Signal warten, bis er zurückweicht. Achten Sie aber darauf, dass Sie ihn nur für die richtige Reaktion belohnen.

Wenn Sie Ihrem Welpen das »Aus!« auf die nachfolgend beschriebene positive Art beibringen, bleibt er später gut gelaunt, falls Sie es ihm in einer Notsituation zurufen müssen, anstatt Angst zu bekommen. Seine Reaktion wird dadurch verlässlicher. Üben Sie jeden Tag in kurzen Sitzungen, bis er es sicher beherrscht.

Die meisten Hunde verstehen die Lektion »Aus!« sehr schnell. Üben Sie auch mit Futter oder Kaustangen.

Beim »Nimms-Teil« sind gute Manieren gefragt. Ihr Welpe lernt, auf Anweisung zu warten, bevor er etwas aus Ihrer Hand nimmt. Das kann sehr nützlich sein, wenn Kinder im Haus sind oder ein wenn ein Hund etwas zu stürmisch dabei ist, nach Leckerchen oder Spielsachen zu schnappen.

Mit der Zeit sollte Ihr Welpe »Aus!« als ein Signal verallgemeinern lernen, dass ihm sagt, mit der derzeitigen Aktivität aufzuhören und zurückzuweichen, weil er dafür belohnt wird.

Sobald er aufhört, an Ihrer Hand herumzustupsen, können Sie ihn aus der anderen Hand belohnen.

KAPITEL 4

Spiele zuhause

Einer der Hauptorte, an denen Ihr Hund Anregungen braucht, ist in häuslicher Umgebung. Diese Spiele helfen, Ihren Hund zu beschäftigen, wenn Sie ihn alleinlassen oder wenn Sie Besuch haben. Manchen können sogar nützlich sein, wenn Sie möchten, dass Ihr Hund im Haushalt hilft!

Aktivspielzeuge

Im Fachhandel sind zahlreiche Spielsachen erhältlich, die dazu gedacht sind, Hunde für längere Zeit zu beschäftigen, indem sie das hineingefüllte Futter herausarbeiten müssen.

Es gibt für Hunde aller Größen und für jede Vorliebe genügend Auswahl, sodass jeder Hund mit etwas Zeit lernen kann, wie man mit diesen Aktivspielzeugen umgeht. Ihr Sinn besteht darin, dass Ihr Hund möglichst viel Zeit damit verbringt, an das Futter im Inneren heranzukommen. Das kommt auch dem natürlichen Nahrungssuchverhalten entgegen, denn allzu oft muss der Hund nur

Solospiel *Hund alleine*	
Wo:	*Beliebig. Ungeeignet sind wegen möglicher Flecke durch Futter oder Speichel lediglich helle Teppiche.*
Schwierig-keitsgrad:	☆☆ *Mittel*
Benötigt:	*Zu Größe und Beißkraft Ihres Hundes passende Spielzeuge. Futter zum Befüllen.*

Die Futterfüllung

Befüllen Sie das Spielzeug anfangs mit einem Futter, das Ihr Hund gerne mag und das er gut verträgt. Achten Sie bei Trockenfutter darauf, dass es nicht alles auf einmal herausfallen kann, indem Sie die Öffnungen mit größeren Stücken Hundekuchen blockieren. Wenn Sie zusätzlich zum Trockenfutter etwas Nassfutter hineingeben, pappt dieses besser zusammen und hält auch länger vor. Sie können auch etwas Streichkäse, Quark oder Leberwurst um die Öffnung schmieren, um Ihren Hund für das Spielzeug zu interessieren.

Sorgen Sie für Abwechslung

Sorgen Sie für Abwechslung

Machen Sie die Spielzeuge interessant, indem Sie die Füllungen variieren, für Abwechslung sorgen und sie nur zu bestimmten Zeiten anbieten, anstatt sie dem Hund den ganzen Tag zur Verfügung zu überlassen. Die meisten lassen sich nach dem Spielen wieder gut reinigen. Vergessen Sie aber vor dem nächsten Mal das Wiederbefüllen nicht, denn ein leeres Spielzeug beschäftigt den Hund nicht wie gewünscht.

Tipp
Wenn Ihr Hund zusätzlich noch einen vollen Napf zu seinen Mahlzeiten bekommt, ist er vielleicht weniger motiviert, sich für das Extra aus dem Futterspielzeug anzustrengen – je nachdem, wie verfressen Ihr Hund ist. Für hohe Motivation sorgen Sie, indem Sie entweder die Hauptmahlzeiten aus den Spielzeugen füttern oder dafür ein viel hochwertigeres Futter benutzen als für die normalen Mahlzeiten.

Essensreste verwerten

Besonderes Interesse können Sie erwecken, indem Sie auch hundeverträgliche Essensreste aus Ihrer Küche in das Spielzeug füllen.

zu seinem Napf gehen und traurig schauen, um ihn praktisch gratis aufgefüllt zu bekommen. Das ist weit vom Natürlichen entfernt und lässt Ihrem Hund viel Zeit, um sich anderweitig Unsinn auszudenken. In einer natürlichen Situation müsste Ihr Hund Beute finden und erjagen und wäre dann einige Zeit damit beschäftigt, sie zu zerlegen, zu fressen und zu verdauen. Haushunden stellt sich diese blutige Aufgabe nicht, aber ihre Grundinstinkte sind immer noch vorhanden. Wenn Sie das Fressen so interessant wie möglich machen, verschaffen Sie damit Ihrem Hund also mehr Zufriedenheit. Außerdem verbraucht Ihr Hund mehr Energie und muss mit einer kleineren Futtermenge länger auskommen – prima für Hunde, die immer Appetit haben oder abnehmen müssen. Mit einem Aktivspielzeug fällt es viel weniger auf, wenn Sie die Futterration verringern, als wenn Sie das Futter in einen Napf füllen würden.

Schon bald wird Ihr Hund eine Verknüpfung zwischen dem Spielzeug und dem Spaß bilden, den er damit hatte und immer mehr Ausdauer entwickeln, bis er es leergemacht hat.

Machen Sie das Spielzeug spannend

Halten Sie das Spielzeug fest, während Ihr Hund daran schnüffelt und leckt und loben Sie ihn, wenn er Interesse zeigt. Erwarten Sie nicht, dass er sofort weiß, was er tun soll, wenn Sie ihm das Spielzeug zum ersten Mal hinhalten. Den meisten Hunden muss man es erst zeigen und sie ermutigen. Wenn er am Spielzeug leckt, führen Sie einen Namen dafür ein, zum Beispiel »Kong!«. Das nutzt Ihnen später bei Ihren Wortspielen.

Aktivspielzeuge

Wie und womit auch immer Ihr Hund am liebsten spielt – es gibt mit Sicherheit ein Aktivspielzeug, das dazu passt. Manche kann man wie Bälle rollen oder werfen, andere bewegen sich durch ihre unregelmäßige Form in unvorhersehbare Richtungen. Solche mit Noppen oder Vertiefungen helfen durch den Reibungseffekt sogar, beim Spielen die Zähne sauber zu halten. Es gibt inzwischen auch eine Reihe von »Brettspielen« für Hunde, von einfach bis sehr komplex, je nachdem, wie viel Zeit Sie mit dem Training verbringen möchten und wie gern Ihr Hund lernt. Manche dürfen aus Sicherheitsgründen nur unter Aufsicht gespielt werden – achten Sie also bei der Auswahl auf dieses Kriterium, wenn Sie möchten, dass Ihr Hund sich auch alleine damit beschäftigen soll.

Der Hund muss arbeiten, um an die Leckerchen heranzukommen.

Futterball

Solche Hartplastikbälle können mit normalem Trockenfutter gefüllt werden. Der Hund muss sie mit Nase oder Pfoten umherschieben, damit die Futterstückchen herausfallen.

Stuff-A-Ball

Dieses stabile Kautschukspielzeug kann als Ball und als Futterspender gebraucht werden. Die Form bietet eine Abwechslung vom klassischen Kong. Auch hier gibt es eine rote Normalversion und eine schwarze, härtere für sehr beißstarke Hunde.

Snackspender in Knochenform

Diese Plastikknochen haben ebenfalls ein Loch an einem Ende, aus dem Leckerchen herausfallen können. Sein Instinkt wird Ihrem Hund vermutlich sagen, dass er den Knochen zwischen den Pfoten halten und an der Öffnung schnüffeln soll. Hier muss er die Öffnung aber nach unten kippen, damit das Futter herauskommt, was es für ihn kniffliger macht und ihn länger beschäftigt.

Doggy Pyramid

Das Loch oben in diesem pyramidenförmigen Spielzeug lässt Leckerchen beim Umkippen herauskullern. Durch die schwerere Unterseite richtet es sich danach wie ein Stehaufmännchen von selbst wieder auf, sodass das Spiel wieder von vorn beginnen kann.

Canine Genius Leo

Diese Neuentwicklung hat eine spezielle Form, die es ermöglicht, mehrere Spielzeuge miteinander zu verbinden. So wird es für den Hund noch kniffliger, an das Futter im Inneren heranzukommen: Eine gute Variante für Hunde, die schon Profis im Leeren normaler Kongs sind!

Kong

Dieses beliebte Spielzeug aus Kautschuk gibt es in zwei verschiedenen Stärken und in verschiedenen Größen, sodass sich für die meisten Hunde eine passende Version findet. Nehmen Sie für sehr beißstarke Hunde die härtere schwarze Version und eine größere Größe. Mit Futter gefüllte Kongs kann man auch einfrieren oder in der Mikrowelle erwärmen, um verlockende Abwechslungen zu schaffen.

Leckerchenwürfel

Diese Würfelversion des Futterballs hat ebenfalls Hohlräume innen, die Leckerchen herausfallen lassen, wenn der Hund das Spielzeug herumschiebt. Auch hier gibt es für große und kleine Hunde verschiedene Größen. Wählen Sie im Zweifelsfall eine Nummer größer, weil ein zu kleiner Würfel zwischen den Kiefern steckenbleiben kann. Für sehr geschickte Hunde kann man den Schwierigkeitsgrad steigern.

Brettspiele und Futterscheiben

Es gibt auch eine ganze Reihe noch komplexerer Spiele, die kluge Köpfe sich für Hunde ausgedacht haben. So gibt es Brettspiele, bei denen der Hund mit der Pfote Abdeckungen beiseiteschieben muss, um an Leckerchen zu kommen, oder übereinanderliegende Scheiben, bei denen die obere gedreht werden muss. Bestimmt gibt es auch eine Version, die Ihrem Hund Spaß macht.

Hier muss der Hund die obere Scheibe drehen, um an die Leckerchen zu kommen.

73

Selbstgemachte Langeweile-Killer

Wenn Sie kreativ sind, können Sie auch selbst ein paar Aktivspielzeuge basteln, wobei die gekauften den Vorteil haben, stabil zu sein und auf Sicherheit und Ungiftigkeit getestet zu sein. In der Regel bekommen Sie etwas Gutes für Ihr Geld.

Plastikflaschen

Sofern Ihr Hund nicht besonders zerstörerisch veranlagt ist, haben Sie vielleicht Erfolg mit leeren Plastikflaschen oder Getränkekartons, in die Sie Leckerlis füllen und die der Hund herumrollen muss oder auf die er heraufspringen kann. Entfernen Sie den Schraubverschluss, damit Ihr Hund ihn nicht versehentlich verschlucken kann und das Futter herausfallen kann. Falls Ihr Hund die Flasche zerbeißt, achten Sie darauf, dass keine scharfen Kanten entstehen, an denen er sich verletzen könnte und dass er keine Kleinteile verschluckt. Ersetzen Sie die Flasche rechtzeitig durch eine neue.

Hängender Leckerchenspender

Plastikflaschen können auch aufgehängt werden, sodass Ihr Hund daran ziehen und schütteln muss, um an das Futter zu kommen. Bohren Sie dazu vorsichtig ein Loch in den Flaschenboden und ziehen Sie ein Seil oder Elastikseil hindurch, mit dem Sie die Flasche zum Beispiel an einer Türklinke befestigen oder im Garten aufhängen. Machen Sie einen Knoten ins Seilende, damit die Flasche sicher gehalten wird. Sie sollte mit der Öffnung nach unten hängen. Sie können die Leckerchen entweder durch den Flaschenhals einfüllen oder eine Füllluke in den Flaschenboden schneiden.

Zeit zum Spielen

Machen Sie sich einen Moment lang Gedanken um die Wahl der richtigen Leckerchen zum Befüllen der Flasche, sonst ist das Spiel im Handumdrehen vorbei. Nehmen Sie zum Beispiel längliche, knochenförmige Kekse und größere Trockenfutterstücke, die nicht beim ersten Schütteln der Flasche alle herausfallen. Sie können auch Kugeln aus zusammengeknülltem Papier mit in die Flasche geben, damit die Leckerchen langsamer herausfallen.

Zerrseil mit Leckerchen

Besonders kleine Hunde lieben oft weiche Zerrspielzeuge, auf denen sie herumbeißen und die sie schütteln können. Man kann sie leicht zuhause selbst herstellen und besonders interessant machen, indem man Leckerchen in den Stoff mit einflechtet. Flechten Sie zum Beispiel Stoffstreifen aus alten Hand- oder Geschirrtüchern zusammen und legen Sie Leckerchen dazwischen, so hat Ihr Hund etwas zum Kauen und Zerreißen. Passen Sie aber auf, dass Ihr Hund keine Stofffetzen verschluckt.

Dieses selbstgemachte Spielzeug ist eine tolle Alternative für Hunde, die ihre gekauften teuren Zerrspielzeuge ständig zerbeißen, besonders während des Zahnens. Schneiden Sie dazu ein altes Geschirrtuch in lange Streifen.

Dieses Spielzeug funktioniert auch, um Hunden grundlegende Spielkompetenzen beizubringen. Denken Sie sich einen Namen für das Spielzeug aus, zum Beispiel »Zergel«, um diesen später für die Wortspiele benutzen zu können.

Knoten Sie das Seil am anderen Ende zusammen.

Flechten Sie nun die Stoffstreifen zusammen und stecken Kekse dazwischen.

Knoten Sie die Streifen an einem Ende fest zusammen.

Und jetzt ist Spaß angesagt!

Wackeln Sie mit dem Spielzeug über den Boden oder ermuntern Sie Ihren Hund, es ins Maul zu nehmen. Loben Sie ihn, wenn er Interesse zeigt.

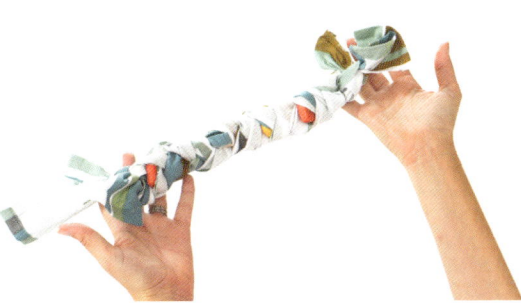

Fertig – im »Zopf« aus Stoff sind leckere Kekse versteckt.

Such!

Ein Suchspiel ermuntert Ihren Hund, seine Nase zu benutzen und sorgt damit für Anreiz und Vergnügen. Jagdhunde sind bei diesem Spiel besonders gut, es kann aber auch von Hunden aller Rassen gelernt und bis zu einem gewissen Grad beherrscht werden.

Interaktives Spiel
Hund und Besitzer

Wo:	Beliebiger sicherer Ort, an dem etwas versteckt werden kann
Schwierigkeitsgrad:	☆ ☆ ☆ Hoch
Benötigt:	Trockene Leckerchen, ein Spielzeug, evtl. Helfer in der Anfangsphase.

Eine Person hält den Hund sanft an Halsband oder Leine fest, während Sie ihm ein Lieblingsleckerchen (oder Lieblingsspielzeug) zeigen. Bleiben Sie in Sichtweite, während Sie das Leckerchen unter einem einfach wegzubewegenden Gegenstand wie z. B. einem Kissen verstecken.

Tipp
Vermeiden Sie sehr stark riechende Leckerchen, weil diese Geruch an den alten Verstecken hinterlassen und könnten Ihren Hund dazu veranlassen, auch später in Ihrer Abwesenheit etwas übergründlich an diesen Orten zu suchen.

Ihr Helfer lässt jetzt den Hund los, damit dieser gehen und sich das Leckerchen holen kann. Falls Sie keinen Helfer haben, versuchen Sie, Ihren Hund in Sichtweiter hinter ein Gitter zu sperren oder ihn an etwas Stabilem mit der Leine festzubinden.

Vermutlich versucht Ihr Hund jetzt, die Abdeckung des Verstecks mit Nase oder Pfoten beiseite zu schieben. Sagen Sie »Such!«, wenn er das Leckerchen findet. Wenn Ihr Hund schon das »Bleib!« beherrscht, können Sie das gut mit einbauen, falls Sie keinen Helfer haben.

Langsam steigern

Verstecken Sie die Leckerchen anfangs in leichten Verstecken wie z. B. hinter Stühlen und machen Sie es Ihrem Hund erst dann schwieriger, wenn er das Futter auf der bisherigen Schwierigkeitsstufe leicht findet.

Slalom durch die Beine

Der Slalom zwischen Ihren Beinen durch ist eine Spaßübung, die anfangs durchaus für etwas Verwicklung sorgen kann. Ziel dieses Spiels ist, dass Ihr Hund in einer Acht zwischen Ihren Beinen hindurchläuft. Anfangs fallen Ihnen die richtigen Handbewegungen eventuell noch schwer, aber schon bald wird Ihr Hund sich geschickt durch Ihre Beine schlängeln.

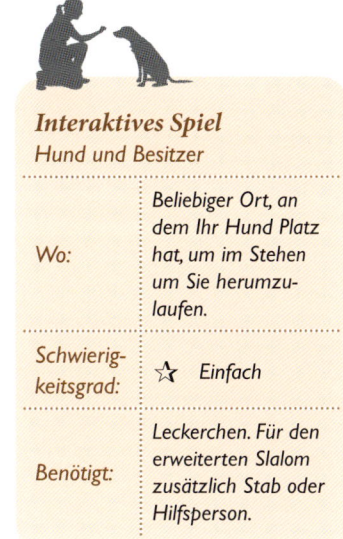

Stellen Sie sich mit gespreizten Beinen hin. Nehmen Sie in jede Hand ein Leckerchen. Locken Sie den Hund damit von vorn nach hinten durch Ihre Beine. Wenn er der Hand durch Ihre Beine folgt, locken Sie ihm außen um Ihr rechtes Bein herum nach vorn. Jetzt geben Sie ihm das Leckerchen. Vervollständigen Sie den Slalom, indem Sie Ihre linke Hand hinter Ihr linkes Bein nehmen und Ihren Hund zurück durch Ihre Beine und außen herum wieder nach vorn locken, sodass die Acht komplett wird. Geben Sie am Ende der Acht das Leckerchen.

Interaktives Spiel
Hund und Besitzer

Wo:	Beliebiger Ort, an dem Ihr Hund Platz hat, um im Stehen um Sie herumzulaufen.
Schwierigkeitsgrad:	☆ Einfach
Benötigt:	Leckerchen. Für den erweiterten Slalom zusätzlich Stab oder Hilfsperson.

Führen Sie ein Hörzeichen wie »Durch« oder »Slalom« ein, sobald sich Ihr Hund problemlos durch Ihre Beine schlängeln kann. Vergessen Sie das Loben nicht, damit das Spiel auch weiter Spaß macht. Mit etwas Übung reichen bald Zeigen und Hörzeichen allein, damit Ihr Hund sich auch ohne Locken mit dem Leckerchen in der Hand durch Ihre Beine schlängelt. Wiederholen Sie aber anfangs nicht zu viele Achten hintereinander, ohne Ihren Hund zu belohnen, weil er sonst der Sache überdrüssig werden könnte.

Erweiterter Slalom

Wenn Sie den einfachen Slalom beherrschen, können Sie ihn erweitern, indem Sie einen Besenstiel oder auch eine andere Person mit einbeziehen. Das ist schwieriger, weil Sie jetzt nicht mehr beide Hände frei haben, um Ihrem Hund den Weg zu zeigen (es sei denn, sie haben einen feststehenden Gegenstand wie eine Pylone, um den der Hund herumlaufen soll). Falls Sie einen Helfer gefunden haben, bitten Sie ihn, sich mit gespreizten Beinen neben Sie zu stellen. Dieses Spiel erfordert Teamarbeit und gutes Timing von beiden Trainern.

Der Slalom kann beliebig verlängert werden, sodass niemand in Ihrer Familie zusehen muss!

Hopp

Wo:	Raum oder Diele mit genügend freier Bodenfläche
Schwierigkeitsgrad:	☆ Einfach
Benötigt:	Leckerchen, etwas zum Überspringen wie z.B. ein Besenstiel, Plastikstab oder Spazierstock. Klötze oder Kegel, um die Stange auf eine angemessene Höhe legen zu können.

Mit diesem Spiel können Sie beginnen, sobald Ihr Hund körperlich erwachsen und fit genug zum Springen ist. Sie können es nach draußen verlegen und Ihren eigenen Hindernisparcours bauen (siehe Kap. 6) oder Sie finden vielleicht sogar Spaß an einer Agilitygruppe (siehe Kap. 16).

Legen Sie die Stange zuerst nur auf den Boden. Lassen Sie Ihrem Hund genug Anlauf und achten Sie darauf, dass der Boden vor und nach dem Sprung rutschfest ist.

Tipp
Um beim Trainieren die Hände frei zu haben, können Sie die Stange z.B. auch auf ein paar Bücher legen. Achten Sie aus Sicherheitsgründen darauf, dass die Stange leicht herunterfallen kann, falls Ihr Hund sie berührt.

Locken Sie Ihren Hund über die Stange und achten Sie darauf, dass er sich mit diesem neuen Ding wohlfühlt. Sobald das der Fall ist, können Sie die Stange langsam höher legen. Halten Sie sie anfangs nur ein paar Zentimeter über den Boden und loben Sie ihn, wenn er springt. Wiederholen Sie das »Springen« auf dieser Höhe, bis es Ih rem Hund leichtfällt. Führen Sie dann Ihr Hörzeichen »Hopp« ein, wenn er springt. Belohnen Sie ihn jedes Mal für das erfolgreiche Überqueren der Hürde.

Je mehr Vertrauen Ihr Hund gewinnt, desto höher können Sie nach und nach die Stange legen. Wie hoch, hängt von Größe und Fitness Ihres Hundes ab. Bleiben Sie vernünftig, was die Höhe des Sprungs angeht.

Limbo tanzen

Wenn Sie schon die Stange zum Springen zur Hand haben, können Sie sie auch benutzen, um Ihrem Hund noch ein weiteres Spiel beizubringen. Achten Sie darauf, immer nur ein Kommando gleichzeitig zu üben, um Ihren Hund nicht zu verwirren und durcheinander zu bringen.

Schwierig-
keitsgrad: ☆☆ Mittel

Beginnen Sie diesmal, indem Sie die Stange sehr hoch halten. Locken Sie Ihren Hund entweder mit der Futterhand oder mit einem gerollten Spielzeug darunter hindurch. Belohnen Sie ihn mit Futter oder dem Spielzeug, das Sie zum Locken benutzt haben. Wiederholen Sie die Übung und führen Ihr Hörzeichen »Drunter« ein.

Tipp

Falls Sie »drunter« verlangen und Ihr Hund stattdessen über die Stange springt oder andersherum, belohnen Sie ihn nicht dafür. Versuchen Sie es stattdessen noch einmal, machen es ihm etwas einfacher und belohnen ihn gut, wenn er es richtig macht.

Halten Sie die Stange immer niedriger, bis sie auf ihren Ständern ruht. Ermuntern Sie Ihren Hund wie zuvor, darunter herzulaufen. Üben Sie so lange, bis Ihr Hund das fließend beherrscht.

Limbo für den wagemutigeren Hund

Wenn Sie dieses Spiel etwas spannender machen möchten, befestigen Sie Stoff- oder Folienstreifen an der Stange. Ihr Hund braucht Mut, um durch diese hindurchzugehen. Beginnen Sie mit einigen wenigen, weit auseinander hängenden Streifen. Legen Sie die Stange anfangs so hoch, dass Ihr Hund einfach darunter durchgehen kann.

Sagen Sie jetzt Ihr Hörzeichen, sobald Ihr Hund seinen Kopf senkt. Je besser Ihr Hund wird, desto tiefer wird er sich ducken und schließlich geschickt unter der Stange herkriechen, ohne sie von ihren Ständern zu werfen.

Wenn Ihr Hund das kann, knoten Sie weitere Stoffstreifen an die Stange – so viele, bis er durch einen ganzen Vorhang krabbelt.

4

Der Türklingel-Flitzer

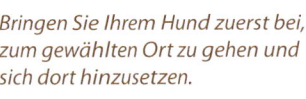

Interaktives Spiel
Hund und Besitzer

Wo:	Im Haus
Schwierig-keitsgrad:	☆☆☆ Hoch Ein zuverlässiges »Sitz« hilft.
Benötigt:	Türklingel (oder Türklopfer), Helfer, Leckerchen, gefülltes Futterspielzeug.

Die meisten Hunde regen sich sehr auf, wenn sie die Türklingel hören, weil sie das Geräusch mit der Ankunft von Besuch verbinden. Oft springen sie dann wild bellend herum, laufen Ihnen vor die Füße oder springen die Gäste an.

Dieses Spiel hilft Hunden, auf andere, besser kontrollierbare Weise zu reagieren, wenn es an der Türe klingelt. Sie lernen, beim Klingelgeräusch an einen speziellen Ort zu flitzen, um dort eine Belohnung zu bekommen. Bei Hunden, die nur ungesittet und stürmisch sind, ist das eine gute Maßnahme, während Sie bei solchen, die aggressiv gegenüber Menschen sind, unbedingt dafür sorgen müssen, dass sie nicht in Kontakt mit den hereinkommenden Gästen kommen können.

Bringen Sie Ihrem Hund zuerst bei, zum gewählten Ort zu gehen und sich dort hinzusetzen.

Überlegen Sie als erstes, wohin Ihr Hund gehen soll, wenn es an der Haustür klingelt:

Freundlicher Hund

Wenn Ihr Hund freundlich ist und ihm nur Manieren fehlen, kann es in Ordnung sein, dass er Ihre Gäste an der Tür begrüßt. Oft ist am Fuß der Treppe ein guter Ort oder sonst eine Stelle, an der er aus dem unmittelbaren Weg ist, wenn die Tür aufgeht und die Gäste hereinkommen.

Das fällt leichter, wenn Sie eine Matte oder einen Teppich als visuelle Erinnerung benutzen. Das Kommando kann so etwas wie »Auf deine Decke« sein.

Unfreundlicher Hund

Falls Ihr Hund nicht immer freundlich ist oder möglicherweise wegläuft, wenn Sie die Tür aufmachen, können Sie ihm stattdessen beibringen, beim Klingeln in einen anderen Raum zu gehen, und zwar so, dass er freiwillig geht und Sie ihn nicht hineinzerren müssen.

Belohnen Sie ihn dafür, dass er zur gewünschten Stelle gegangen ist. Erst, wenn er das zuverlässig kann, kommt die Türklingel dazu.

Wenn Sie die obigen Schritte 1–4 genug üben, wird er das Geräusch der Türklingel mit der neu gelernten Handlung verbinden, von der er weiß, dass sie ihm eine Belohnung einbringt. In Zukunft sollte er nun wie gewünscht reagieren, sobald es klingelt.

Der nächste Schritt ist, dass Sie die Haustür vorsichtig öffnen, ohne dass jemand dahintersteht. Lassen Sie Ihren Hund an seinem Platz bleiben, während Sie die Tür jedes Mal nur einen Spalt weit öffnen. Belohnen Sie ihn, wenn er auf seinem Platz bleibt. Öffnen Sie dann die Tür jedes Mal ein bisschen weiter, bevor Sie ihn belohnen.

Falls Sie befürchten, dass er aus der Tür entwischen könnte, können Sie vorübergehend eine Trainingsleine benutzen. Knoten Sie das Ende der Leine um das Treppengeländer, wenn er auf seinem Platz ist oder halten Sie es in der Hand.

Tipp

Den letzten Schliff geben Sie dem Türklingel-Flitzer, indem Sie ein gefülltes Futterspielzeug in Türnähe bereithalten. Wenn Ihr Hund sich gut benimmt und ruhig bleibt, wenn Gäste hereinkommen, bekommt er sein Spielzeug. Das lenkt ihn weiter ab, während Sie sich um Ihren Besuch kümmern und sorgt dafür, dass er Gäste mit etwas Angenehmem verbindet.

Wenn Sie zum ersten Mal klingeln, sprintet Ihr Hund vermutlich zur Tür. Bleiben Sie ruhig und warten Sie, bis er wieder auf Sie achtet. Schicken Sie ihn zurück auf seine Matte. Belohnen Sie ihn reichlich, wenn er richtig reagiert.

Nehmen Sie eine Person dazu

Üben Sie dann mit einer hinter der Tür stehenden Person. Diese sollte zunächst ruhig und ohne zu sprechen hereinkommen und Ihren Hund ignorieren. Sie können ihm seine Belohnung im Vorbeigehen geben. Üben Sie oft mit Familienmitgliedern und dem Hund bekannten Personen, die wissen, worum es Ihnen geht. Vermeiden Sie vorerst ein Treffen mit dem gehetzten Paketboten, weil dieser sehr wahrscheinlich keine Zeit hat, um Ihnen beim Hundetraining zu helfen.

Wo ist mein Schlüssel?

Wohl jeder von uns hat schonmal seine Schlüssel gesucht oder so-gar mit Schrecken festgestellt, dass sie ihm draußen aus der Tasche gerutscht sein müssen. Erhöhen Sie schnell Ihre Chance auf das Wiederfinden der Schlüssel, indem Sie Ihrem Hund beibringen, Ih-nen beim Suchen zu helfen. Manche Hunde ha-ben einen besseren Instinkt für dieses Spiel als andere – probieren Sie es einfach aus und sehen Sie, wie weit Sie mit Ihrem Hund kommen!

Stellen Sie als erstes sicher, dass Ihr Hund die Schlüssel auch leicht finden und aufheben kann. Das geht leichter, wenn Sie et-was Weiches an Ihren Schlüssel befestigen, zum Beispiel ein Tuch, einen Stoffanhänger oder einfach nur ein größeres Stück Leder. Das kann Ihr Hund leichter sehen und aufheben als nur Metallschlüssel alleine.

Die Schlüssel anfangs nur bringen

Spielen Sie am Anfang nur ein Apportierspiel mit dem Schlüsselbund. Machen Sie ihn interessant, indem Sie ihn über den Boden wackeln und Ihren Hund loben, wenn er Interesse am Aufheben zeigt. Sobald er das tut, sagen Sie das Hörzeichen »Schlüssel!« und sagen ihm, was er für ein guter Junge ist, wenn er sie Ihnen bringt.

In diesem Stadium ist es wichtig, die Sache spannend zu machen, damit Ihr Hund stark motiviert wird, die Schlüssel später auch al-lein zu suchen. Vermutlich wird er erst einmal mit den Schlüsseln spielen – achten Sie also darauf, dass Sie alle leicht zerbrechlichen Teile vom Schlüsselbund entfernt haben und er nichts verschlucken kann.

Das Hörzeichen »Such« hinzufügen

Das nächste Spiel mit den Schlüsseln heißt dann »Such«. Auch wenn Ihr Hund schon gut im Suchen und Finden ist, sollten Sie leicht beginnen und ihm das Konzept des Schlüsselsuchens gut zeigen. So werden Sie schon kurze Zeit später heimlich Ihre Schlüssel verstecken und den Hund sie finden lassen können. Legen Sie dann die Schlüssel absichtlich zu anderen Gegenständen, sodass er aktiv nach ihnen suchen muss. Tadeln Sie ihn nicht für Fehler, sondern ermuntern ihn zum weiteren Suchen nach den Schlüsseln. Belohnen Sie seine richtige Wahl.

Tipp

Falls Sie etwas unordentlich sind und Ihre Schlüssel gern an allen möglichen Orten liegenlassen, belohnen Sie Ihren Hund auch dann, wenn er sie von sich aus »findet« und Ihnen bringt, auch, wenn Sie sie gar nicht verloren haben. Würden Sie ihn jetzt ignorieren oder wegschicken, macht er sich auch beim nächsten Mal nichts mehr aus der Sache, wenn Sie wirklich nach Ihrem Schlüssel suchen.

Üben Sie auf dem Spaziergang und später auch ohne Kommando

Üben Sie, beim Spaziergang »zufällig« Ihre Schlüssel fallen zu lassen. Fordern Sie Ihren Hund auf, sie Ihnen zu apportieren. Loben Sie ihn mit Worten und Futter oder auch einem Spiel mit seinem Lieblingsspielzeug. Der Test ist dann, dass Sie Ihre Schlüssel fallen lassen, nichts sagen und warten, was Ihr Hund macht. Falls er sie aufhebt und Ihnen zurückbringt, belohnen Sie ihn mit einem Jackpot – einer Superbelohnung, die er so schnell nicht vergisst. So wird er beim nächsten Mal aufpassen, falls Sie Ihre Schlüssel tatsächlich einmal verlieren.

Der Müll-Hund

Interaktives Spiel Hund und Besitzer	
Wo:	Beliebiger Raum im Haus.
Schwierig-keitsgrad:	☆ ☆ ☆ Hoch Die Spiele »Apportieren« und »Spielsachen aufräu-men« sind eine gute Vorbereitung.
Benötigt:	Leere PU-Flaschen oder Getränkedosen, ein nicht zu hoher Papierkorb, über des-sen Rand Ihr Hund mit der Schnauze reicht, Leckerchen.

Wer wünscht sich nicht Hilfe im Haushalt? An Staubsaugen und Staubwischen führt wohl auch weiterhin kein Weg vorbei, aber beim Aufräumen von Müll in den Papierkorb oder Mülleimer kann Ihr Hund Ihnen durchaus behilflich sein!

Mit diesem Spiel können Sie beginnen, sobald Ihr Hund das Appor-tieren beherrscht. Suchen Sie zum Aufräumen Gegenstände aus, die Ihr Hund gerne aufhebt und trägt. Lebensmittelverpackungen sind allerdings keine so gute Idee, da Sie Ihren Hund zu stark ab-lenken werden und er sich wahrscheinlich mit ihnen davonmachen wird, um sie gründlich auszulecken oder zu zerlegen. Leere Plastik-flaschen oder Getränkedosen sind besser geeignet, aber achten Sie immer darauf, dass keine scharfen Kanten vorhanden sind. Investieren Sie etwas Zeit, bis Ihr Hund die Gegen-stände gerne aufhebt.

In den Mülleimer, bitte!

Legen Sie etwas Müll vor dem Mülleimer auf den Boden. Setzen Sie sich auf den Boden auf oder auf einen Stuhl davor. Bit-ten Sie Ihren Hund, Ihnen einen Gegenstand zu bringen.

Motivieren Sie ihn mit Stimme und ausgestreckter Hand, sich dem Mülleimer zu nä-hern und Ihnen den Gegenstand zu bringen. Falls er den Müll anfangs auf der falschen Seite des Mülleimers fallen lässt, macht das nichts. Sie können das im Verlauf der nächsten Trainingseinheiten immer noch in das ge-wünschte Verhalten formen. Üben Sie weiter und motivieren Sie ihn, den Gegenstand direkt zu Ihnen zu bringen.

Ihr Ziel ist, dass der Hund so dicht an Sie herankommt, dass er mit dem Kopf über dem Mülleimer steht, bevor Sie ihm den Gegenstand abnehmen. Dann loben Sie ihn und bieten ihm Ihre Belohnung an.

Im nächsten Schritt verlangen Sie von ihm »Aus« oder »Gib's«, so-bald er den Kopf über dem Mülleimer hat. Jetzt sollte der Müll in den Mülleimer fallen. Loben Sie Ihren Hund über den grünen Klee dafür und geben ihm eine be-sondere Belohnung!

Spielsachen aufräumen

Das vorhergehende Spiel kann auch abgeändert werden zu »Räum deine Spielsachen auf«. Lehren Sie Ihren Hund, seine Spielsachen einzusammeln und in eine Kiste zu räumen. Falls er sich von dem Spielzeug, das er aufräumen soll, ablenken lässt, bleiben Sie einfach ruhig. Laufen Sie ihm nicht hinterher, weil Sie damit eher mehr Probleme schaffen. Warten Sie, bis sich die erste Aufregung gelegt hat und verlangen Sie dann erneut »Apport«. Ist Ihr Hund weiterhin zu aufgedreht, versuchen Sie das Spiel zu einem späteren Zeitpunkt nochmals neu. Legen Sie das erste Spielzeug weg und suchen Sie ein anderes aus, das er zu Ihnen zurückbringen soll. Achten Sie darauf, dass Ihre Belohnungen auch verlockend genug sind. Je besser Ihr Hund wird, desto spannendere Spielzeuge können Sie ihm für die Aufgabe anbieten.

Tipp

Manche Hunde versuchen, die Kiste anzuspringen und sie umzuwerfen. Probieren Sie es dann entweder mit einer anderen Kiste, an der Ihr Hund nicht hochspringen muss, um sie zu erreichen, oder legen Sie unten etwas Schweres hinein, damit sie nicht so leicht umkippt.

Spielsachen in die Kiste, bitte!

Üben Sie als Erstes in dem Raum, indem Sie »Spielsachen aufräumen« spielen möchten, das Apportier-Kommando. Stellen Sie die Spielzeugkiste vor sich. Werfen Sie das Spielzeug und halten Sie die Hand, in die Ihr Hund es zurückgeben soll, über die Kiste, damit es hineinfallen kann. Loben Sie Ihren Hund dafür, dass er Ihnen das Spielzeug auf Zuruf bringt.

Wiederholen Sie das Apportieren, bewegen Ihre Hände aber diesmal so, dass die Spielsachen in die Kiste fallen. Wiederholen Sie das so oft, bis das Spielzeug jedes Mal in die Kiste fällt. Ziehen Sie Ihre Hände allmählich immer weiter zurück, sodass sich Ihr Hund eher der Kiste als Ihren Händen nähert.

So geht's! Loben Sie Ihren Hund kräftig, wenn er das Spielzeug in die Kiste fallen lässt.

Üben Sie weiter

Üben Sie so lange weiter, bis Ihr Hund sich zuverlässig der Kiste nähert und die Spielsachen hineinfallen lässt (links). Jetzt können Sie auch ein Hörzeichen wie zum Beispiel »In die Kiste!« für dieses Spiel einführen. Sagen Sie es zunächst genau in dem Moment, in dem Ihr Hund das Spielzeug in die Kiste fallen lässt. Sobald er es richtig verknüpft hat, können Sie es immer früher sagen, bis Sie irgendwann auf den Boden zeigen und »In die Kiste!« als Aufforderung sagen können.

KAPITEL 5

Spiele mit wenig Platzbedarf

Interaktives Spiel
Hund und Besitzer

Wo:	Jeder Raum, in dem Ihr Hund sich wohlfühlt.
Schwierig- keitsgrad:	☆-☆☆☆ Einfach bis Hoch
Benötigt:	Leckerchen

Manche Hundebesitzer machen sich Gedanken, dass ihr Zuhause zu klein sein könnte, um dem Vierbeiner genügend Platz zum Spielen zu bieten. Das ist aber kein Grund zur Sorge, da für viele tolle Brain Games keine besonderen Gegenstände nötig sind. Alles, was man für sie braucht, ist lediglich etwas mehr Konzentration. Die Spiele aus diesem Kapitel können natürlich auch draußen oder in großen Räumen gespielt werden. Lesen Sie auch Kapitel 8 über Spiele mit Worten, um noch ein paar besondere Herausforderungen für sich zu entdecken.

Target-Aufgaben

Wenn Sie Ihrem Hund beibringen, einen bestimmten Gegenstand (das »Target«) zu berühren, macht das viele andere Spiele und Trainingsaufgaben viel einfacher. Clickertrainer arbeiten viel mit Targets, aber auch wenn Sie keinen Clicker benutzen, können Sie die gleichen Ergebnisse erzielen, solange das Timing Ihres Lobs und Ihrer Belohnungen stimmt. Bei Target-Aufgaben kann es darum gehen, dass Ihr Hund mit verschiedenen Teilen seines Körpers einen Gegenstand Ihrer Wahl berühren soll. Man kann das mit jedem Körperteil üben, aber meistens konzentrieren wir uns auf Nase, Pfoten, Flanken, Kinn oder Stirn. Für den Anfang empfehle ich, dass Sie sich nur auf eine Art der Berührung konzentrieren, um Ihren Hund nicht zu verwirren.

Nasentouch

Das einfachste Target ist vermutlich Ihre Hand, weil keine Gegenstände nötig sind und die meisten Hunde von sich aus gern zur Hand Ihres Besitzers gehen.

Tipp

Üben Sie so lange, bis Sie Ihre Hand auch in verschiedene Positionen bewegen können – nach links, nach rechts, vor sich, hinter sich, nach oben oder nach unten. Ihr Hund wird nun beginnen, das Hörzeichen »Touch« mit der Handlung zu verknüpfen.

Ein Nasentouch ist leicht zu lernen. Beginnen Sie mit einem Leckerchen in Ihrer geschlossenen Faust. Halten Sie diese Ihrem Hund hin und erlauben ihm, sich zu nähern.

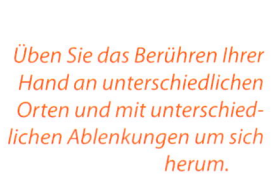

Sobald seine Nase Ihre Hand berührt, loben Sie ihn und geben das Leckerchen frei. Falls Sie mit Clicker arbeiten, clicken Sie im Moment des Berührens. Wiederholen Sie das ein paar Mal. Sobald Ihr Hund die Hand sehr verlässlich berührt, können Sie Ihr Hörzeichen »Touch« einführen.

Üben Sie das Berühren Ihrer Hand an unterschiedlichen Orten und mit unterschiedlichen Ablenkungen um sich herum.

Verlangen Sie Konzentration

Falls er Ihre Hand zu berühren versucht, ohne dass Sie ihn darum gebeten haben, ignorieren Sie ihn. Später, wenn andere Spiele mit Touches vorkommen oder wenn Sie den Touch längere Zeit nicht geübt haben, sollten Sie erst noch einmal ein paar einfache Handtouches wiederholen, um Ihren Hund daran zu erinnern, was Sie von ihm erwarten.

Eine leere Hand berühren

Der nächste Schritt ist dann, Ihre Hand auszustrecken, ohne dass ein Leckerchen darin ist. Ihr Hund hat gelernt, eine Belohnung zu erwarten, sodass er vermutlich vorgeht, um an Ihrer Hand zu schnüffeln. In dem Moment, in dem seine Nase Ihre Hand berührt, sagen Sie »Touch« und »Guter Hund« , clicken (falls Sie mit Clicker arbeiten) und geben ihm ein Leckerchen aus Ihrer anderen Hand.

Ein beweglicher Gegenstand als Target (Targetmarker)

Sobald Ihr Hund zuverlässig Ihre Hand als Target berühren kann (Handtarget), können Sie seine Aufmerksamkeit auf einen »Target-marker« lenken, der dann unabhängig von Ihrer Hand positioniert werden kann. Eine einfache Möglichkeit dafür ist ein Haftnotizzettel (Post-it), ein robusterer Targetmarker entsteht aus einem Stück Pappkarton. Im Grunde geht es darum, den Nasentouch auf einen anderen Gegenstand umzulenken, den Sie dann an verschiedenen Orten anbringen können.

Haftnotizzettel als Targetmarker

Halten Sie den Haftnotizzettel fest oder kleben Sie ihn an Ihre Hand. Halten Sie die Hand nun wie beim Nasen-Hand-Touch nach vorn, aber verwenden Sie jetzt ein anderes Hörzeichen, da es sich um eine andere Aufgabe handelt.

Denken Sie sich ein Hörzeichen wie z. B. »Nase« als Signal für dieses Spiel aus. Der Hauptunterschied ist nun, dass der Hund den Zettel anstatt Ih-rer Hand berühren soll. Belohnen Sie ihn sofort, wenn er ihn berührt.

Üben Sie weiter

Üben Sie so lange, bis er den Zettel zuverlässig mit der Nase berührt. Seien Sie sehr genau und loben Sie ihn nur dann, wenn seine Nase auch wirklich den Marker berührt. Dann können Sie beim Üben auch Ihr Hörzeichen einführen. Um das Hörzeichen auf das neue Verhalten zu übertragen, sagen Sie anfangs noch das alte Hörzeichen unmittel-bar danach, in diesem Falle wäre das also »Nase-Touch«. Sagen Sie dies jedes Mal, bis Ihr Hund die Übung schon zu erwarten beginnt, so-bald er das erste Wort »Nase« hört.

Praktische Anwendungen

Mit der Nasenberührung des beweg-lichen Targetmarkers können Sie viele Dinge wie »Mach die Tür zu« oder »Mach das Licht an« üben, also alles, bei dem der Hund etwas mit der Nase berühren oder drücken muss. Mit etwas Kreativität werden Ihnen viele Dinge einfallen, die Sie mit dieser Lektion anfangen können!

Den Targetmarker verschieben

Ihr nächster Schritt wird sein, den Marker auf eine andere senkrechte Oberfläche zu verschieben. Halten Sie ihn zuerst mit den Fingern und ermuntern Ihren Hund, ihn mit der Nase zu berühren. Dann verschieben Sie ganz allmählich seine Position, bis er an einer Tür oder Wand oder anderen senkrechten Fläche klebt, so wie hier in unserem Beispiel an einem Agilitykegel.

Schwierig-keitsgrad: ☆☆☆ Hoch

Marker an senkrechter Fläche

Loben bzw. clicken und belohnen Sie jedes Mal, wenn Ihr Hund den Marker berührt und sagen Sie »Nase«.

Dieser Hund berührt schon den Post-it Marker auf dem Boden anstatt der Hand. Steigern Sie die Leistung Ihres Hundes, indem Sie ihn zunächst vom Marker wegbewegen. Warten Sie, bis er wieder von sich aus zum Marker zurückwill, bevor Sie ihn freigeben und sagen Sie Ihr Hörzeichen wie z. B. »Nase«.

Marker auf dem Boden

Wenn der Targetmarker auf dem Boden Ihr Ziel ist, halten Sie ihn allmählich immer tiefer, bis er auf dem Boden klebt. Nehmen Sie Ihre Hand während der nächsten Übungseinheiten dann graduell immer weiter zurück, damit Ihr Hund sich ganz auf den Marker konzentriert.

Praktische Anwendungen

Der Nasen-Hand-Touch macht es Ihnen leicht, viele andere Dinge wie zum Beispiel Obedience oder Dog Dancing zu üben. Wenn Sie beim nächsten Mal einem solchen Hundesport-Profi zuschauen, achten Sie einmal bewusst darauf, welches Target dieser Hund gelernt hat.

Nehmen Sie während der nächsten Übungseinheiten Ihre Hand immer weiter zurück, bis Ihr Hund sich nur noch auf den Marker konzentriert. Mit ausreichend Übung wird Ihr Hund in der Lage sein, verschiedenste Gegenstände mit der Nase zu berühren, an denen der Marker angebracht ist.

Dieser Hund zeigt ein schönes Handtarget – sehr nützlich für Wettbewerbe wie zum Beispiel Obedience.

Pfotentouch

Manche Hunde neigen eher zum Einsatz ihrer Pfoten als andere, sie sind eher »pfotenbetont«. Das sind diejenigen, die auch den Pfotentouch sehr schnell lernen. Sie brauchen hierfür einen neuen Targetmarker, um Ihren Hund nicht zu verwirren. Suchen Sie etwas aus, dass stabil genug ist, damit Ihr Hund darauf stehen kann und dass er nicht so leicht mit der Pfote wegschieben kann. Fußmatten, Teppichstücke oder Deckel von Plastikeimern sind zum Beispiel geeignet. Legen Sie Ihren neuen Marker auf den Boden und belohnen Sie ihn zunächst dafür, dass er hingeht und den neuen Gegenstand untersucht – besonders, wenn er ihn mit der Pfote berührt. Manche Hunde lassen sich eher zum Einsatz ihrer Pfoten verleiten, wenn man ein Stückchen Futter unter den Marker legt. Falls Sie das tun, konzentrieren Sie sich darauf, exakt den Moment zu clicken, in dem die Pfote den Marker berührt, damit Ihr Hund sich nicht darauf fixiert, den Marker umzudrehen oder wegzuschieben.

Pfotentouch trainieren

Fahren Sie mit dem weiteren Training fort wie beim Nasentouch beschrieben. Erst, wenn Ihr Hund den Targetmarker zuverlässig mit der Pfote berührt, führen Sie Ihr Hörzeichen wie z. B. »Klatsch« oder »Zehen« oder was auch immer ein.

Hoch die Pfote

Sie können auch einen Pfotentouch auf einen erhöht angebrachten Marker trainieren.

Tür zumachen

Befestigen Sie den Marker Ihres Hundes innen an der geschlossenen Tür. Schicken Sie ihn zum Berühren hin und achten Sie darauf, ihn genau in dem Moment zu belohnen, in dem er die Tür berührt.

Öffnen Sie die Tür für den nächsten Schritt einen Spalt, damit Ihr Hund sich an unterschiedliche Winkel gewöhnt. Verhindern Sie ein versehentliches Zuschlagen der Tür und damit mögliches Erschrecken des Hundes, indem sie irgendetwas zwischen Tür und Rahmen legen, das als Stopper fungieren kann. Üben Sie, den Hund bei unterschiedlich weit geöffneter Tür zum Berühren des Markers zu schicken.

Jetzt können Sie ein neues Hörzeichen einführen. Wenn Ihr Hörzeichen für den Pfotentouch zuvor z. B. »Pfote« war, kombinieren Sie das jetzt erst einmal mit dem Zusatz »Tür« oder »zu«. Sagen Sie dabei das neue Hörzeichen zuerst, also z. B. »Tür-Pfote« oder »Zu-Pfote«. Später können Sie das zweite Wort (»Pfote«) weglassen und Ihr Hund wird immer noch wissen, was gemeint ist. Wenn Sie den Eindruck haben, dass Ihr Hund den Marker zuverlässig berührt, können Sie ihn dazu ermuntern, die Tür wirklich zuzudrücken. Nehmen Sie dazu den Türstopper weg und lassen Sie die Tür anfangs nur wenige Zentimeter offen, sodass es für Ihren Hund einfach ist, Erfolg zu haben. Bauen Sie das Türzumachen nur schrittweise weiter aus und belohnen Ihren Hund immer gut dafür.

Interaktives Spiel
Hund und Besitzer

Wo:	Im Haus
Schwierigkeitsgrad:	☆☆☆ Hoch Zuverlässiges Berühren eines senkrecht angebrachten Markers ist Voraussetzung.
Benötigt:	Zimmertür, die sich durch Drücken schließen lässt, Tarketmarker, Klebeband zum Befestigen an der Tür, Türstopper, Leckerchen.

Tipp
Sobald Ihr Hund den Marker zuverlässig berührt, können Sie damit beginnen, diesen kleiner zu machen. Schneiden Sie ihn mit jedem Übungsschritt allmählich immer kleiner, bis Sie irgendwann nur noch einen kleinen Punkt oder gar keinen Marker mehr haben.

Interaktives Spiel
Hund und Besitzer

Wo:	Beliebiger Raum, in dem Ihr Hund sich wohlfühlt.
Schwierigkeitsgrad:	☆ ☆ ☆ Hoch
Benötigt:	Möbel und übliche Haushaltsgegenstände, Leckerchen. Falls Sie Sprünge einbauen wollen, muss der Boden rutschfest sein. Mit anderen Brain Games aus diesem Buch kombinierbar.

Indoor-Agility

Auch wenn Sie keinen großen Garten zuhause haben, können Sie Ihrem Hund ein bisschen Spaß mit einem Hindernisparcours gönnen – wobei Sie sich natürlich darauf einstellen müssen, einen ziemlich aufgedrehten Hund in Ihrem Haus zu haben. Bei einem Indoor-Agilityparcours geht es aber eher um Genauigkeit und Kontrolle als um wildes Herumrasen, sodass dies auch eine gute Übung für ansonsten eher zu stürmische Hunde sein kann.

Bevor Sie Ihren Hund in einen Hindernisparcours schicken, ist das Wichtigste, dass er sich mit jedem Hindernis einzeln wohlfühlt. Dann können Sie diese nach und nach miteinander zu einem ganzen Parcours verknüpfen.

Überlegen Sie, wie viel Platz Sie haben und was Sie dort mit Ihrem Hund trainieren könnten. Und natürlich spielt eine Rolle, welche Art von Hund Sie haben.

Schauen Sie sich die Raumaufteilung an und entwerfen dann einen Parcoursverlauf. Bedenken Sie, dass Ihr Hund zum Abspringen und Landen Platz braucht und dass er nicht zu nah an zerbrechliche Gegenstände kommen sollte.

Üben Sie zuerst jeden Teil des Parcours einzeln. Wählen Sie dann zwei Elemente aus, die gut zusammenpassen und üben diese hintereinander. Weil Ihr Hund die Einzelteile schon kennt, wird dies nicht allzu viel Zeit in Anspruch nehmen. Heben Sie sich die Belohnung dafür auf, dass er beide Elemente hintereinander erfolgreich absolviert. Fügen Sie nach und nach immer mehr Hindernisse hinzu und üben Sie, bis Ihr Hund den ganzen Parcours absolvieren kann. Damit Ihr Hund nicht einfach nur unkontrolliert herumrast, können Sie Kontrollpunkte einbauen, an denen er fünf Sekunden lang »Platz« oder »Sitz« machen muss, bevor Sie ihn zum nächsten Hindernis weiterlassen.

Ideen für Indoorparcours:

Slalom um Tisch- oder Stuhlbeine, unter einem Stuhl, Tisch oder Besenstil durchkriechen, einen Tunnel aus einem lang herunterhängenden Tischtuch durchqueren, »Platz« auf einer Fußmatte oder auf einem Stuhl, auf einen Stuhl springen, über eine Minihürde springen.

Spielkiste

Ein einfacher Pappkarton, den Sie mit zusammengeknülltem Papier füllen, kann zum spannenden Spiel für Ihren Hund werden. Besonders aufregend ist das für abenteuerlustige Welpen! Was genau Sie mit der Spielkiste anstellen, hängt von den Neigungen Ihres Hundes ab. Sie könnten Sie in Ihren Hindernisparcours einbauen oder einen Sonderpreis darin verstecken, den Ihr Hund suchen muss.

Wenn Ihnen etwas Papiermüll-Chaos nichts ausmacht, können Sie zwecks erhöhter Spannung auch noch Papierschnipsel in den Karton geben. Nehmen Sie weiches Papier ohne giftige Druckschwärze, die außerdem das Fell Ihres Hundes verfärben könnte.

Eine Handvoll Trockenfutterstückchen sollte Ihren Hund dazu bringen, eine ganze Weile in der Kiste herumzuwühlen und sich damit zu beschäftigen.

Beginnen Sie mit nur wenigen Papierschnipseln und füllen mehr dazu, wenn Ihr Hund Spaß an dem Spiel gefunden hat. Werfen Sie ein paar Leckerchen in die Kiste oder verstecken Sie sein Lieblingsspielzeug darin.

Solospiel
Hund alleine

Wo:	Beliebiger Raum, in dem Ihr Hund sich wohlfühlt.
Schwierigkeitsgrad:	☆ ☆ Mittel
Benötigt:	Pappkarton, Altpapier, Spielsachen, Leckerchen.

Tipp
Nehmen Sie trockene Leckerchen, sodass das Papier selbst keinen Geschmack aufnimmt und der Hund nicht in Versuchung kommt, es zu fressen.

KAPITEL 6

Spiele für den Garten

Viele Hunde verbringen im Garten einen großen Teil ihrer Ruhezeit, aber oft vergessen wir, dass dieser auch ideal zum Spielen ist. Nutzen Sie den Platz, den Sie haben und beschäftigen Sie Ihren Hund – er wird zufriedener sein und weniger unerwünschte Verhaltensweisen entwickeln.

Schätze ausbuddeln

Manche Hunde haben einen starken Drang zum Buddeln, was für Ihren Garten verheerende Folgen haben kann. Meistens ist es viel einfacher, diese Aktivität umzulenken anstatt sie völlig zu unterbinden. Schaffen Sie also einen Sonderbereich, in dem Ihr Hund nach Herzenslust buddeln und nach einem versteckten Schatz suchen kann. Platzieren Sie diesen Sandkasten an einer bequemen Stelle im Garten. Seine Größe hängt natürlich von Ihrem Hund ab, aber er sollte auf jeden Fall tief genug sein, damit Sie Leckerchen oder Spielsachen zumindest ein paar Zentimeter tief vergraben können. Holzkisten sind eine preisgünstige Möglichkeit, aber achten Sie darauf, dass das Holz nicht so leicht splittert. Plastikbehälter sind bequem, füllen sich aber mit Regenwasser, wenn man sie nicht abdeckt.

Zeigen Sie Ihrem Hund ein Spielzeug, das er wirklich gerne mag und vergraben Sie es teilweise in der Sandkiste.

Solopiel
Hund alleine

Wo:	*Jeder Raum, in dem Ihr Hund sich wohlfühlt.*
Schwierigkeitsgrad:	☆-☆ ☆ ☆ *Einfach bis Hoch*
Benötigt:	*Leckerchen*

Tipp
Decken Sie die Sandkiste ab, wenn sie nicht benutzt wird, weil die Nachbarskatzen sie sonst als Toilette benutzen könnten. Dieser Sandkasten sollte für Kinder tabu sein, es sei denn, sie spielen unter Aufsicht mit dem Hund zusammen darin.

Finde den Schatz

Ermuntern Sie Ihren Hund, in die Sandkiste zu steigen und das Spielzeug herauszuziehen. Wiederholen Sie das ein paar Mal, um sicherzustellen, dass er die Idee des Spiels versteht. Vergraben Sie dann das Spielzeug tiefer. Für zusätzliche Spannung sorgen ein paar Hundekekse, die Sie mit im Sand verstecken.

Feuern Sie Ihren Hund mit »Buddel buddel!« an, während er scharrt und gräbt. Später können Sie das auch als »Kommando« benutzen, um ihn in seinen Sandkasten zu schicken.

Ein mit Leckerchen gefülltes Aktivspielzeug aus Gummi gibt einen guten Schatz ab.

Hundeeis

An heißen Tagen können Sie Ihrem Hund Abkühlung verschaffen, indem Sie spezielles Eis für ihn machen. Das ist einfach und schnell herzustellen und Sie können mit verschiedenen Geschmäckern experimentieren. Für kleine Hunde können Sie mit einem Eiswürfelzubereiter arbeiten, für größere Hunde darf es etwas größer sein. So ist auch an heißen Tagen für Kühlung gesorgt.

Noch spannender wird das Hundeeis, wenn Sie vor dem Einfrieren Hundeleckerchen oder Stückchen von Erdnussbutter in die flüssige Mischung geben.

An heißen Tagen drücken Sie einfach einzelne Würfel aus Ihrem Eiswürfelzubereiter und bieten sie Ihrem Hund auf dem Boden an. Kleinere können sie auch in seinem Wassernapf schwimmen lassen. Ermuntern Sie Ihren Hund, an dem Eis zu schnüffeln und damit zu spielen. Noch spannender wird Ihr Eis, wenn Sie ein Stück Kordel oder Schnur mit einfrieren, an dem Sie es später im Garten aufhängen können. Benutzen Sie das »Eis an der Schnur« aber nicht als Wurfspielzeug, weil es schwer und verletzungsgefährlich ist.

Sie dürfen gerne kreativ in der Eisherstellung sein. Nicht zu salzige Bratensoße, salzarme Fleisch- oder Gemüsebrühe ist gut geeignet, aber auch laktosefreie Milch. Mischen Sie diese Basiszutat in einer Tasse mit viel Wasser – die Mischung muss nicht sehr stark sein, damit Ihr Hund sie anziehend findet.

Nehmen Sie keine normalen Brühwürfel für das Hundeeis, da diese zu viel Salz enthalten.

Spielzeugbungee

Solopiel
Hund alleine

Wo:	Stabil befestigte Wäscheleine
Schwierigkeitsgrad:	☆ ☆ Mittel
Benötigt:	Aktivspielzeug mit befestigtem Seil, Bungeeseil oder anderes elastisches Seil.

Tipp

Füllen Sie kein Futter in das Spielzeug, das Bienen oder Wespen anlocken könnte. Nehmen Sie das Spielzeug ab, wenn Ihr Hund nicht mehr spielt, denn wenn es zu lange draußen hängt, könnte es entweder Wildtiere oder Insekten anziehen oder beschädigt werden.

Beim Überlegen, wie man die Umwelt seines Hundes interessanter gestalten könnte, lohnt es, von allen Richtungen aus darüber nachzudenken. So sorgen Spielzeuge auf dem Boden zwar für viel Spaß, aber hängende Spielzeuge können eine noch viel größere Herausforderung bieten.

Schlaufen Sie ein elastisches Seil wie ein Bungee-Seil so über Ihre Wäscheleine, dass es bei Zug frei daran entlangrutschen kann. Stellen Sie sicher, dass Wäscheleine und Seil stabil genug sind, um dem am Spielzeug zerrenden Hund standzuhalten. Knoten Sie das Spielzeug sicher an das Bungeeseil. Füllen Sie Aktivspielzeuge vor dem Aufhängen mit Trockenfutterstückchen oder anderen Leckerchen. Wie hoch Sie das Spielzeug hängen, hängt natürlich von der Größe Ihres Hundes ab. Es sollte nicht zu hoch hängen, damit es für den Hund nicht zu schwierig wird, daranzukommen. Beginnen Sie mit knapp über Kopfhöhe – später, wenn Ihr Hund Spaß an der Sache gefunden hat, können Sie es immer noch etwas höher hängen.

Loben Sie Ihren Hund und feuern ihn an, wenn er nach dem Spielzeug packt. Wenn er sich nach oben strecken muss, um an das Spielzeug zu kommen oder wenn er daran zieht, wird dieses hüpfen, wenn er es wieder loslässt. Dies wird Ihren Hund verlocken, wieder danach zu schnappen; außerdem werden Leckerchen herausfallen.

Für mehr Abwechslung können Sie auch mehrere verschiedene Spielzeuge an die Leine hängen. Ein stabiler Baum oder Zaun tun es natürlich auch.

Je höher Sie das Spielzeug hängen, desto härter muss der Hund für das Futter arbeiten.

Seilspringen

Dieses Spiel fällt kleineren, beweglichen Hunden, die auf Befehl hüpfen können, leichter. Für sehr schwere und auch für junge Hunde ist dieses Spiel nicht gut geeignet. Am einfachsten lässt sich dem Hund beibringen, alleine übers Seil zu springen, aber wenn Sie einen sehr fitten Hund haben und selber voller Energie stecken, können Sie auch gemeinsam Seilspringen üben.

Wenn Sie keinen Helfer haben, knoten Sie ein Ende des Springseils irgendwo fest, zum Beispiel an einem Zaunpfosten. Dann können Sie es von der anderen Seite aus schwingen und Ihr Hund hüpft in der Mitte.

Beginnen Sie mit diesem Spiel sehr langsam. Anfangs sollten Sie nur üben, dass Ihr Hund über das am Boden liegende Seil springt. Erst, wenn er das gut kann, gehen Sie zum nächsten Schritt weiter.

Beginnen Sie dann langsam damit, das Seil zu bewegen. Schwingen Sie es langsam vor Ihrem Hund hin und zurück, aber halten Sie es dabei flach über dem Boden. Feuern Sie ihn mit »Hopp!« an, wenn sich das Seil auf ihn zu bewegt. Achten Sie darauf, Ihren Hund anfangs nicht mit zu starken Seilbewegungen zu verunsichern. In diesem Stadium ist oft viel Übung nötig, damit Ihr Hund sein Zögern ablegt.

Interaktives Spiel Hund und Besitzer	
Wo:	Draußen im Freien
Schwierig-keitsgrad:	☆☆☆☆☆ **Für Cracks** Bringen Sie Ihrem Hund zuerst »Spring drüber« bei.
Benötigt:	Springseil und Leckerchen. Eine Hilfsperson kann nützlich sein.

Tipp
Falls Sie mit Ihrem Hund zusammen Seilspringen möchten, müssen Sie extrem gut aufpassen, ihm nicht versehentlich auf die Pfoten zu treten.

Finden Sie den richtigen Schwung

Erhöhen Sie den Schwung des Seils nur nach und nach. Loben Sie Ihren Hund, wenn er erfolgreich über das Seil hüpft. Anfangs wird alles noch langsam gehen, aber je mehr Sie üben, desto schneller wird Ihr Hund lernen, den Sprung immer früher vorwegzunehmen. Achten Sie gut darauf, Ihrem Hund das Seil niemals an die Beine zu schlagen. Haben Sie Geduld und übereilen Sie nichts.

Ein Hindernisparcours im Freien

Besitzer aktiverer Hunde profitieren viel von Aktivitäten im Garten. Sie können einen kleinen Parcours aufbauen, der nur aus zwei Stationen besteht oder mehr Platz mit einigen der Vorschläge auf diesen Seiten ausnutzen. Wenn Sie wirklich Spaß an dieser Art von Aktivität haben, können Sie auch Agilitygeräte für zuhause kaufen – oder einen Agilitykurs in Ihrer Hundeschule besuchen.

Interaktives Spiel Hund und Besitzer	
Wo:	Offener Bereich mit Boden, der sich zum Springen und Landen eignet.
Schwierigkeitsgrad:	☆☆ Mittel
Benötigt:	Hoola-Hoop-Reifen aus Kunststoff, in der Größe passend zum Hund, Leckerchen oder Spielzeug.

Springreifen

Halten Sie den Reifen anfangs so niedrig, dass er unten auf dem Boden aufsteht. Halten Sie den Reifen mit der einen Hand und in der anderen ein Leckerchen.

Locken Sie Ihren Hund anfangs durch den auf dem Boden aufstehenden Reifen.

Halten Sie den Reifen nun ein kleines Stück über den Boden. Geben Sie nicht der Versuchung nach, ihn gleich zu hoch zu halten, weil Ihr Hund sich sonst wehtun und den Spaß verlieren könnte.

Je besser Ihr Hund wird, desto höher können Sie den Reifen nach und nach halten. Gehen Sie dabei aber nicht zu schnell vor, sondern steigern Sie die Sprungfähigkeiten Ihres Hundes erst nach und nach.

Locken Sie Ihren Hund mit dem Leckerchen durch den Reifen. Loben Sie ihn, wenn er durchgeht und geben ihm seine Belohnung. Üben Sie mit dem auf dem Boden aufstehenden Reifen, bis Ihr Hund vertraut damit ist; auch, wenn Sie mit dem Reifen an einen anderen Ort gehen. Wenn Ihr Hund problemlos durch den Reifen läuft, können Sie ein Hörzeichen wie z. B. »Hopp!« hinzufügen. Da Ihr Hund für das tatsächliche Springen etwas mehr Platz braucht, achten Sie darauf, dass er unbehindert Anlauf nehmen und landen kann.

Tipp

Sie können auch einen freistehenden Sprungreifen kaufen oder selbst machen, den Sie nicht immer festhalten müssen. Fündig werden können Sie zum Beispiel bei Herstellern von Agility-Geräten. Das Praktische an diesem Gerät ist, dass Sie es in einen ganzen Parcours von Aktivitäten einbinden können.

Zwei Reifen

Sie können dieses Spiel erweitern, indem Sie eine Hilfsperson bitten, einen zweiten Reifen zu halten, sodass Ihr Hund nochmals springen muss.

Ein Doppelsprung macht besonderen Spaß. Weil hier gleich zwei Mal abgesprungen und gelandet wird, muss der Boden wirklich rutschfest sein. Auf rutschigen Böden hilft ein langer Teppichläufer.

Minireifen für kleine Hunde

Falls Sie einen sehr kleinen Hund besitzen, müssen Sie etwas einfallsreicher beim Reifenspringen sein. Ein alter Tennisschläger, bei dem das Netz entfernt wurde, kann zum Beispiel einen prima »Sprungreifen« für einen kleinen Hund abgeben. Sie können auch mit Ihren Armen einen Ring bilden und den Hund hindurchspringen lassen.

Tunnel durchqueren

Durch einen Tunnel zu flitzen ist immer eine Bereicherung für einen Agilityparcours. Es gibt spezielle Stofftunnel für Hunde zu kaufen, aber auch für Kinder gedachte gibt es in hochwertiger Qualität.

Interaktives Spiel
Hund und Besitzer

Wo:	Überall, wo Platz für einen Tunnel ist
Schwierig-keitsgrad:	☆ Einfach
Benötigt:	Hunde- oder Kinderspieltunnel, Leckerchen oder Spielzeug.

Sie können aber auch improvisieren, indem Sie sechs kurze Pfosten paarweise in gleichem Abstand in den Boden stecken und eine alte Decke darüber werfen. So haben Sie für Ihre ersten Trainingsversuche einen temporären Tunnel, auch wenn dieser nicht so gut ist wie ein richtiger, weil der Hund an der Seite unter der Decke heraus-schlüpfen kann.

Hier entlang

Gekaufte Tunnel können so zusammengefaltet werden, dass sich fast nur noch eine Reifenform ergibt. Unsicheren Hunden fällt das Hindurch-laufen so am Anfang leichter.

Tipp
Ist Ihr Hund sehr vorsichtig, fal-ten Sie den Tunnel anfangs wie eine Ziehharmonika zusam-men, als ob sie ihn wegpacken wollten. Üben Sie mit Ihrem Hund, durch den so entstande-nen »Reifen« zu gehen. Öffnen Sie den Tunnel nur schrittwei-se weiter, sodass Ihr Hund an-fangs nur eine geringe Länge zu durchqueren hat.

Locken Sie ihn mit einem Leckerchen und werfen dann ein paar Le-ckerchen in den Tunnel – vermutlich geht er hinein, um danach zu suchen. Gehen Sie zum Ausgang auf der anderen Seite und ermun-tern Ihren Hund, ganz hindurch zu laufen. Anfangs ist es gut, einen Helfer zu haben, sodass auf jeder Tunnelseite jemand stehen kann.

Rufen Sie Ihren Hund durch den Tun-nel und belohnen ihn für die richtige Reaktion. Manche Hunde mögen es auch gern, wenn man ihr Spiel-zeug durch den Tunnel wirft und sie ihm nachjagen können. So-bald Ihr Hund durch den Tun-nel flitzt, können Sie ihr eigenes Hörzeichen wie z. B. »Durch!« hinzu-fügen, um die Handlung mit ei-nem Wort zu verknüpfen.

Stellen Sie sicher, dass der Tunnel nicht seitlich wegrol-len kann, wenn Ihr Hund drin ist – befestigen Sie ihn also am Boden oder legen Sie rechts und links seitliche Begrenzungen dane-ben. Lassen Sie Ihrem Hund Zeit, sich an den Tunnel zu gewöhnen und ihn in seinem eigenen Tempo für sich zu entdecken.

Mit etwas Ermutigung wird Ihr Hund schon bald durch den ganzen Tunnel flitzen.

Sicherheitshinweis

Wenn Sie mit Pfosten und Decke anstatt eines fertigen Tunnels arbeiten, stecken Sie oben auf die Pfosten Gummi- oder Plastikkappen, damit Sie sich nicht versehentlich am Auge verletzen, wenn Sie sich runterbücken, um Ihren Hund zu loben.

Slalom

Ziel dieses Spiels ist, dass Ihr Hund sich zwischen Gegenständen durchschlängelt. Bei Agilitywettkämpfen sind das spezielle Stangen, zuhause tun es beliebige andere Gegenstände. Aus Plastikeimern oder –kegeln lässt sich einfach ein Slalomkurs bauen. Stellen Sie anfangs zwei, drei oder mehr Kegel in gerader Linie hintereinander auf und lassen Sie genug Platz, damit Ihr Hund bequem hindurchgehen kann. Reagiert Ihr Hund grundsätzlich vorsichtig-misstrauisch auf neue Gegenstände, lassen Sie ihn zuerst ausgiebig daran schnüffeln, bevor Sie mit der Übung beginnen.

Locken Sie Ihren Hund mit einem Leckerchen oder Spielzeug zwischen den ersten beiden Kegeln hindurch. Loben Sie ihn, wenn es klappt. Locken Sie ihn durch die beiden nächsten Kegel zurück und belohnen ihn. Das Spiel an sich ist einfach, aber das Ziel besteht darin, dass Ihr Hund so schnell wie möglich im Slalom um die Kegel läuft.

Interaktives Spiel Hund und Besitzer	
Wo:	Draußen im Freien
Schwierig-keitsgrad:	☆ Einfach
Benötigt:	Slalomstangen, Kunststoffkegel, umgedrehte Blumentöpfe o. ä., Leckerchen.

Die Kegel enger stellen

Sobald Ihr Hund bequem durch die Kegel läuft, können Sie diese enger zusammenstellen. Der Abstand zwischen den Kegeln muss natürlich zu Größe und Körperform Ihres Hundes passen.

Üben Sie, bis Ihr Hund den Slalom auch schnell durchlaufen kann. Nach und nach können Sie die Zahl der Belohnungen reduzieren und Ihren Hund erst am Ende der Slalomreihe belohnen.

KAPITEL 7

Spiele für unterwegs

Mit dem Hund nach draußen zu gehen, heißt nicht nur spazieren zu gehen. Für viele Hunde geht es gewohnheitsmäßig auf Spaziergängen weniger um Interaktion mit ihrem Besitzer als eher darum, selbst spannende Dinge zu entdecken. Ein gewisses Maß dieses Verhaltens zuzulassen ist auch in Ordnung, aber wenn Sie die Aufmerksamkeit Ihres Hundes ganz verlieren, ist das ein echtes Problem und macht es Ihnen schwerer, die Kontrolle über ihn zu behalten. Wenn Sie zulassen, dass er ohne Sie spannende Ablenkungen findet, wird er weniger Bestreben zeigen, in Ihrer Nähe zu bleiben oder auf Ihr Rufen zu hören. Nutzen Sie also Spaziergänge besser dazu, neben dem Körper auch das Gehirn auszulasten. So werden Sie zusammen Spaß haben und Ihr Hund wird weniger Zeit dafür haben, sich schlechte Dinge anzugewöhnen.

Interaktives Spiel
Hund und Besitzer

Wo:	Beliebiger sicherer Bereich im Freien
Schwierigkeitsgrad:	☆ ☆ Mittel
Benötigt:	Ausziehleine, Leckerchen und ein Spielzeug.

Flexibles Vergnügen

Viele Hundebesitzer haben Dinge im Schrank herumliegen, die sie nicht mehr benutzen. Bei diesem Spiel können Sie eine Auszieh-oder Flexileine dazu nutzen, Ihren Hund zum Spielen in Ihrer Nähe zu ermuntern, zu Ihnen gelaufen zu kommen und zu lernen, dass Sie ein Quell unbegrenzten

Eine Ausziehleine

Eine Auszieh- oder Flexileine spult sich selbst mittels Federmechanismus in ein Kunststoffgehäuse auf, das gleichzeitig als Handgriff dient. Mit dem Stopp-Knopf kann das Aufrollen gestoppt und die Leine arretiert werden.

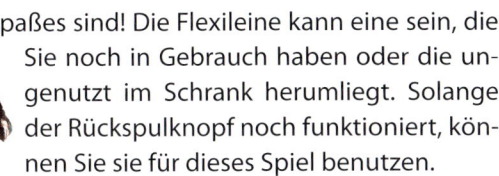

Wenn Sie das Spielzeug zu sich heranziehen, denkt Ihr Hund, dass die Jagd jetzt losgeht.

Spaßes sind! Die Flexileine kann eine sein, die Sie noch in Gebrauch haben oder die ungenutzt im Schrank herumliegt. Solange der Rückspulknopf noch funktioniert, können Sie sie für dieses Spiel benutzen.

Jag das Spielzeug!

Hunde lieben es, kleinen Dingen nachzujagen, die sich schnell über den Boden bewegen. Dieses Spiel lenkt diese Instinkte auf eine sichere und Befriedigung verschaffende Aktivität um. Befestigen Sie ein kleines, weiches Plüschspielzeug am Ende der Ausziehleine, während Ihr Hund auf dem Spaziergang anderweitig beschäftigt ist. Lassen Sie es wie zufällig fallen, gehen weiter und lassen die Leine sich ausrollen. Beenden Sie das Ausrollen der Leine mit dem Sperrknopf.

Wenn Sie am Ende der Leine angekommen sind, bleiben Sie stehen und schauen sich um. Sobald sich Ihr Hund dem Spielzeug nähert, entriegeln Sie den Sperrkopf, lassen die Leine sich aufrollen und ziehen damit das Spielzeug zu sich heran. Lassen Sie Ihren Finger auf dem Sperrknopf, damit Sie stoppen können, falls Ihr Hund sich versehentlich in der Leine verheddert. Besonders wirkungsvoll ist dieses Spiel, wenn sich das Spielzeug durch Blätter oder hohes Gras bewegt.

Die Leine rollt sich in den Kunststoffgriff auf.

Weitere Varianten

Für ein noch raffinierteres Spiel können Sie die Leine im Knick um einen Baum herumlaufen lassen. Dieser muss allerdings eine glatte Rinde haben, damit die Leine nicht hängenbleibt. So wird sich das Spielzeug erst auf Sie zu und dann wieder von Ihnen weg bewegen, sobald es den Baum umrundet hat. Eine tolle Lektion für Hunde, die auf dem Spaziergang gerne weglaufen! Sie haben Spaß, aber das Ziel ist letztlich, umzudrehen und zum Besitzer zurückzurennen, wo, wie sie schon bald wissen, ein tolle Belohnung wartet.

Tipp

Verwenden Sie leichte Spielzeuge wie große Federn oder Fellstreifen für kleinere Hunde und für schnelleres »Einholen«.

Skateboard fahren

Interaktives Spiel
Hund und Besitzer

Wo:	Beliebiger sicherer Bereich im Freien
Schwierig-keitsgrad:	☆ ☆ ☆ ☆ Anspruchsvoll
Benötigt:	Ein Skateboard, Leckerchen, zwei Ziegelsteine oder schwere Bücher, Marker für Pfoten-touch.

Ein tolles Spiel, das Sie und Ihren Hund so richtig herausfordert. Dass es außerdem einen tollen Partygag ergibt, ist ein netter Nebeneffekt. Denken Sie aber bitte daran, dass Sicherheit immer Vorrang hat und Sie Ihren Hund nie zu etwas drängen sollten, bei dem er sich nicht wohlfühlt. Auch wenn dies letztlich ein Spiel für draußen ist, können Sie mit dem Üben drinnen auf einem Teppich oder auf einer Decke beginnen, denn die Bewegung kommt erst ganz am Schluss dazu. Wenn Sie den Ort zum Üben wechseln, denken Sie aber daran, wieder ein paar Schritte in der Schwierigkeitsstufe zurückzugehen, um Ihrem Hund mit den leichteren Schritten Mut zu machen.

Gehen Sie bei den ersten Schritten langsam vor – das Skateboard ist noch fremd.

So bringen Sie Ihren Hund auf das Board

Parken Sie das Skateboard zwischen zwei schweren Ziegelsteinen oder Büchern, die sie beidseitig vor die Räder legen, damit es sich nicht bewegt, wenn der Hund es berührt. Locken Sie Ihren Hund auf das Board, bis er mit beiden Vorderpfoten darauf steht. Lassen Sie sich dafür Zeit. Bringen Sie ihm bei, beide Vorderpfoten ungefähr in die Mitte des Bretts zu stellen, weil er es sonst an einer Seite hochkippt.

Seien Sie ein verständnisvoller Lehrer.

Wenn Ihr Hund genug Vertrauen gefasst hat, wird er irgendwann alle vier Pfoten auf das Brett stellen und sich nach vorn bewegen. Übereilen Sie diesen Schritt aber nicht und haben Sie Verständnis, wenn Ihr Hund gegenüber diesem seltsamen Gegenstand misstrauisch ist. Es wäre nicht fair, ein Tier zu einer Handlung zu drängen, die ihm offensichtlich Angst macht.

Jetzt können Sie den vorderen Ziegelstein ein paar Zentimeter weiter wegrücken, sodass das Skateboard sich ein ganz klein wenig bewegen kann. Halten Sie ein paar besonders schmackhafte Leckerchen bereit und geben diese Ihrem Hund, sobald er das Brett auch nur ein bisschen bewegt hat.

Macht die leichte Bewegung Ihrem Hund nichts mehr aus, können Sie die Steine noch ein bisschen weiter auseinander legen. Steigern Sie allmählich den Bereich, in dem das Brett rollen kann. Machen Sie dabei langsam, damit Ihr Hund keine Angst bekommt. Belohnen Sie ihn für jeden erfolgreichen Versuch.

Halten Sie besonders gute Leckerchen zur Belohnung bereit.

Ihr Hörzeichen für dieses Spiel könnte z. B. »Skate« sein. Sagen Sie es, sobald Ihr Hund auf das Board steigt. Üben Sie, bis er eine stabile Verknüpfung zwischen dem Wort und dem Verhalten gebildet hat. Irgendwann können Sie »Skate« sagen und er wird zum Brett laufen und daraufspringen.

Tipp

Spielen Sie dieses Spiel nie auf abschüssiger Fläche oder in der Nähe einer Straße. Der Untergrund muss übrigens nicht perfekt eben und glatt sein. Für Ihren Hund ist es sogar besser, wenn das Skateboard nur langsam rollt.

Nach und nach können Sie die stoppenden Ziegelsteine weglassen.

Wink den Fans

Manche Hunde fühlen sich nach etwas Eingewöhnung so wohl auf dem Skateboard, dass man Ihnen noch Extratricks beibringen kann, während Sie darauf stehen.

Übung macht den Meister

Sobald sich der Hund an das anfängliche Gefühl der Instabilität gewöhnt hat, wird er auch auf das Skateboard springen, wenn dieses rollt.

Interaktives Spiel
Hund und Besitzer

Wo:	Sicherer Bereich im Freien
Schwierig-keitsgrad:	☆☆☆ Hoch Trainieren Sie vorher einen zuverlässigen Rückruf, damit Sie Ihren Hund gefahr-los ableinen können.
Benötigt:	Leckerchen oder Spielzeug.

Tipp
Dieses Spiel kann etwas pein-lich sein, falls ein anderer Hun-dehalter vorbeikommt und Sie hinter einem Baum stehen sieht. Machen Sie sich nichts daraus – Ihr Hund wird gleich kommen und die Situation wird klar! Sie können ja auch in et-was ruhigeren Gegenden Ver-stecken spielen.

Versteckspielen

Verstecken ist ein tolles Spiel, um Ihren Hund dazu zu bringen, auf Spaziergängen auf Sie zu achten. Er lernt, dass es ein Riesenspaß ist, nach Ihnen zu suchen und Sie zu finden, was ihn auch davon abhal-ten kann, auf eigene Faust auf Entdeckungstour zu gehen. Suchen Sie dazu immer einen Bereich abseits von Straßenverkehr, Eisen-bahnen oder anderen möglichen Gefahren.

Weglaufen und Verstecken

Wenn Ihr Hund gerade gar nicht auf Sie ach-tet, weil er z. B. von einem Geruch abgelenkt ist oder vor Ihnen herläuft, schlüpfen Sie schnell hinter einen Baum oder Busch am Wegesrand.

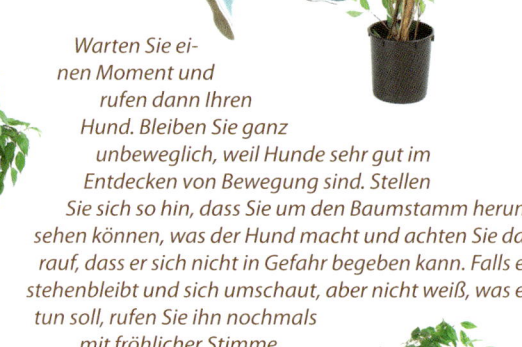

Warten Sie ei-nen Moment und rufen dann Ihren Hund. Bleiben Sie ganz unbeweglich, weil Hunde sehr gut im Entdecken von Bewegung sind. Stellen Sie sich so hin, dass Sie um den Baumstamm herum sehen können, was der Hund macht und achten Sie da-rauf, dass er sich nicht in Gefahr begeben kann. Falls er stehenbleibt und sich umschaut, aber nicht weiß, was er tun soll, rufen Sie ihn nochmals mit fröhlicher Stimme.

Wenn er in Ihre Richtung losläuft, helfen Sie ihm, indem Sie ihn noch mehrmals ru-fen. Wenn er Sie findet, loben Sie ihn oder spielen ausgelassen mit ihm und seinem Spielzeug. Wenn Sie richtig gut in diesem Spiel werden, wird Ihr Hund schon bald nach dem ersten Rufen wissen, dass er Sie suchen soll. Er wird auch genauer auf Sie achten, weil er der Meinung sein wird, dass dieser dumme Zweibeiner auf Spa-ziergängen ja ständig verlorengeht!

Tragen

Wäre es nicht toll, einen Hund zu haben, der beim Tragen von Sachen helfen kann? Manche Hunde sind hierin regelrechte Naturtalente, andere brauchen etwas mehr Training. Insgesamt ist es aber ein Spiel, das viel Spaß macht und nebenbei noch einen nützlichen Zweck erfüllen kann.

Entscheiden Sie sich

Entscheiden Sie sich, was Ihr Hund tragen soll. Ein Hundespielzeug oder die Zeitung sind naheliegend.

Interaktives Spiel
Hund und Besitzer

Wo:	Draußen im Freien
Schwierig-keitsgrad:	☆☆☆ Hoch Üben Sie vorher »Apportieren«.
Benötigt:	Ein Spielzeug oder anderer Gegenstand, den Ihr Hund tragen soll.

Motivieren Sie Ihren Hund, den Gegenstand nach und nach immer ein bisschen weiter neben Ihnen her zu tragen, bevor Sie stehenbleiben und ihn entgegennehmen. Nehmen Sie dann den Gegenstand für kurze Zeit an sich und versuchen Sie es später noch einmal. Geben Sie Ihr ausgesuchtes Hörzeichen wie zum Beispiel »Tragen«, während der Hund mit dem Gegenstand im Maul neben Ihnen herläuft.

Motivieren Sie Ihren Hund, den Gegenstand im Maul zu halten. Necken Sie ihn damit und machen den Gegenstand spannend, dann wird er ihn mit großer Wahrscheinlichkeit vom Boden aufheben, wenn Sie ihn hinwerfen. Wenn er zurückkommt, loben Sie ihn und gehen ein paar Schritte, sodass er mit Ihnen mitlaufen muss, bevor Sie ihm den Gegenstand abnehmen und ihm seine Belohnung geben.

Bauen Sie nach und nach die Dauer aus, die der Hund den Gegenstand neben Ihnen herträgt. Bedenken Sie, dass er den Gegenstand wahrscheinlich fallen lassen wird, wenn er einem anderen Hund begegnet oder auf einen interessanten Geruch trifft. Damit das nicht passiert, sind viel Übung und ein starker Instinkt gefragt, weshalb Sie anfangs am besten mit einem Hundespielzeug üben. Bringen Sie ihm »Such!« bei, damit er fallen gelassene Dinge leicht wiederfindet.

Wenn Sie sehr schmackhafte Leckerchen als Belohnung verwenden, kann dies zu einem sehr nassen Sabbermaul führen, weshalb Sie hier besser mit Spiel, Worten und trockenen Belohnungshäppchen arbeiten.

Naturparcours

Es gibt viele Möglichkeiten, einem Hund auf Spaziergängen durch viel Bewegung, aber auch Balance und Koordination beim Loswerden überschüssiger Energie zu helfen. Mit ein bisschen Vorstellungskraft und Kreativität können Sie auch auf Ihrer regelmäßigen Spaziergengeh-Runde einen interessanten Naturparcours zusammenstellen. Bevor Sie Ihren Hund aber auffordern, irgendwo hinauf oder von etwas herunter zu springen, vergewissern Sie sich, dass dies auch ungefährlich ist. Glasscherben im Gras, steile Böschungen, stechende Zweige oder harte Böden können Verletzungsgefahren darstellen.

Interaktives Spiel
Hund und Besitzer

Wo:	Auf dem Spaziergang
Schwierig-keitsgrad:	☆☆☆ Hoch Üben Sie möglichst zuerst verschiedene Hindernisse zuhause, drinnen oder im Garten.
Benötigt:	Unterschiedlich, je nach örtlichen Gegebenheiten, Leckerchen.

Beispiele für Aktivitäten:

- Springen über umgestürzte Bäume.
- Über liegende Baumstämme balancieren.
- Slalom zwischen Bäumen oder Zaunpfosten.
- Unter Baumstämmen oder Ästen durchkriechen.
- Über kleine Bäche springen.

Sie können die verschiedenen in den Kapiteln 4 und 6 beschriebenen Aktivitäten (Agilityparcours drinnen oder im Garten) üben und sie für Naturhindernisse anpassen.

Ein Baumstamm ohne Äste kann als Laufbalken oder Hürde dienen.

Auch das Springen über Bäche kann ganz schön sportlich sein!

Eierlöffelrennen

Dieses traditionelle Spiel macht allen Hunden und ihren Besitzern viel Spaß, egal, wie ihr Trainingsstand ist. Das »Ei« kann alles sein, was Sie auf einem Löffel balancieren können – nur kleine Gummibälle sollten Sie vermeiden.

Spielregeln

- Die Hunde werden zu keinem Zeitpunkt des Rennens durch die Gegend gezogen.
- Loben und belohnen Sie die Hunde für gutes Verhalten.
- Das Festhalten des »Eis« mit einem Daumen wird als Täuschungsversuch gewertet.
- Falls ein Hund ein Ei aufhebt, tauschen Sie es mit ihm gegen ein Leckerchen.

Interaktives Spiel
Hund und Besitzer

Wo:	Garten oder Park
Schwierig-keitsgrad:	☆ ☆ ☆ Hoch Üben Sie vorher »Apportieren«.
Benötigt:	Ein Esslöffel pro Person, hartgekochte Eier (alternativ z.B. Tennisbälle, Greifkissen o. ä.), Kegel oder Stühle, Leckerchen.

Einigen Sie sich vor dem Start auf die Regeln

Überlegen Sie, wie Ihr Spiel aussehen soll. Die übliche Form ist, dass alle Teilnehmer gleichzeitig mit ihren Hunden an der Leine einer vorgegebenen Strecke folgen. Zur Steigerung der Schwierigkeit können Sie das Umrunden von Stühlen oder Slalom um Kegel hinzufügen.

Die Schlaufe der Hundeleine wird über das Handgelenk der Löffelhand gestreift. Jetzt nimmt sich jeder ein »Ei« und geht an seine Startposition.

Zu viel Eile kann den Sieg kosten.

Tipp
Für Besitzer mit sehr gut trainierten Hunden kann dieses Spiel schwieriger gemacht werden, indem der Parcours komplexer gestaltet wird oder man rohe Eier nimmt. Geht das Ei kaputt, scheidet man aus.

Erst beim Startsignal legen alle ihre Eier auf die Löffel und laufen los. Die Hunde sollten möglichst gut bei Fuß laufen.

Wer sein Ei verliert, muss stehenbleiben, es aufheben und ab dem Punkt, wo es heruntergefallen war, weiterlaufen. Sieger ist dasjenige Mensch-Hund-Team, das es mit unzerbrochenem Ei auf dem Löffel über die Ziellinie schafft.

KAPITEL 8

Wortspiele

Bei Hunden findet die meiste Kommunikation über Körpersprache statt, im Gegensatz zu uns Menschen, die wir uns in erster Linie auf gesprochene Sprache verlassen. Im Hundetraining arbeitet man größtenteils mit Handzeichen und Gesten, aber fortgeschrittene Hunde können auch lernen, auf Worte alleine zu reagieren. Das zu üben erfordert allerdings viel Zeit, Konsequenz und Wiederholung. Vielleicht sind die Hörzeichen ohnehin schon Teil Ihres normalen Trainingsprogramms, aber falls nicht, können Sie die folgenden Spiele ausprobieren, um die Reaktion Ihres Hundes auf gesprochene Befehle zu verbessern.

Das Fremdsprachengenie

Ihre Freunde werden nicht schlecht staunen, wenn Ihr Hund auf Kommandos reagiert, die Sie in einer Fremdsprache geben! Noch schöner wird der Effekt, wenn Sie dafür die Sprache des Landes aussuchen, aus der die Rasse Ihres Hundes stammt. Die Französische Bulldogge, das Italienische Windspiel oder der Galgo Espanol lernen also quasi ihre Muttersprache. Und es hat noch niemandem geschadet, eine zweite Sprache zu beherrschen!

Interaktives Spiel
Hund und Besitzer

Wo:	Beliebiger Ort
Schwierigkeitsgrad:	☆☆☆ Hoch Bringen Sie Ihrem Hund zuerst die Verhaltensweisen und originalen Hörzeichen bei.
Benötigt:	Leckerchen und ggf. ein Wörterbuch der jeweiligen Fremdsprache.

Mehrsprachiger Hund

Es ist eine schöne Idee, die Sprache für die Hörzeichen dem Herkunftsland Ihres Hundes anzupassen. Für Besitzer von Pekingesen könnte das allerdings ein bisschen Recherchearbeit bedeuten …

Hier lernt ein Italienisches Windspiel Italienisch.

»Platz« auf Italienisch

Ihr Hund sollte bereits gut auf das Hörzeichen reagieren, das Sie jetzt in ein neues »übersetzen« möchten. Arbeiten Sie immer nur an einem Hörzeichen gleichzeitig und legen Sie das neue Wort klar fest, bevor Sie loslegen.

Führen Sie das neue Wort ein, indem Sie es unmittelbar vor dem alten sagen, damit Ihr Hund auf das neue Wort zu achten lernt. Es nach dem altem Hörzeichen zu sagen funktioniert nicht gut, weil der Hund dann geistig zu sehr damit beschäftigt ist, das alte Kommando zu befolgen, um das neue überhaupt wahrzunehmen.

Beispiel: Um »Platz« neu auf Englisch zu trainieren, machen Sie Ihren Hund zuerst aufmerksam, sagen dann »Down-Platz« und belohnen ihn für die richtige Reaktion. Wiederholen Sie das mehrmals, bis er sich schon auf das »Down« hinlegt.

Übung macht den Meister

Natürlich hat das Wort »zampa« (Pfote) an sich keinerlei Bedeutung für den Hund – er lernt einfach nur ein Hörzeichen, das ein bestimmtes Verhalten auslöst.

Dà la zampa

Beispiele mehrsprachiger Kommandos

Deutsch	Sitz	Platz	Pfote
Englisch	Sit	Down	Paw
Französisch	Assis	Couche	Patte
Italienisch	Seduto	Giù	Dà la zampa

Giù

Attend

Interaktives Spiel
Hund und Besitzer

Wo:	Beliebiger Ort ohne Ablenkungen.
Schwierigkeitsgrad:	☆☆☆☆ Anspruchsvoll Bringen Sie Ihrem Hund beim Spielen oder Apportieren die Namen der jeweiligen Spielzeuge bei.
Benötigt:	Leckerchen, verschiedene Spielzeuge, Holzplatte mit Ösenhaken, starke Schnur.

In diesem Spiel lernt Ihr Hund, aus mehreren Spielzeugen aufs Wort hin das richtige auszusuchen. Wenn Sie Ihrem Hund zu neuen Spielsachen ohnehin schon dessen Namen beigebracht haben, können Sie direkt mit diesem Spiel weitermachen. Falls Sie aber damit bislang noch nicht viel Zeit verbracht haben, müssen Sie einen Schritt zurückgehen und erst einmal damit beginnen. Sagen Sie den Namen eines Spielzeugs, während Ihr Hund damit spielt, zum Beispiel »Ball«. Wenn Sie das konsequent tun, wird Ihr Hund schon bald damit beginnen, das Wort mit dem Spielzeug zu verknüpfen.

Damit Ihr Hund lernt, jedes Spielzeug korrekt zu identifizieren, müssen Sie seine Fähigkeit testen, es von anderen unterscheiden zu können. Dabei ist aber wichtig, dass er die anderen Spielzeuge nicht aufheben kann, weil er es sonst spannender finden könnte, damit zu spielen, was Sie nicht weiterkommen lässt. Eine gute Möglichkeit, dieses Problem zu umgehen, ist ein großes Leimholzbrett, auf dem Sie an verschiedenen Stellen Ösenhaken anschrauben. Achten Sie aber darauf, dass Ihr Hund sich auf keinen Fall daran verletzen kann. Binden Sie dann mit der Schnur einige Spielzeuge daran fest. Das Spielzeug, das Sie jeweils gerade trainieren, wird nicht befestigt, sondern liegt lose auf dem Brett. Ihr Hund kann also kein anderes Spielzeug aufheben und mitnehmen als das, was Sie ihm gesagt haben. So bringen Sie ihn auf die Erfolgsspur.

Beginnen Sie einfach

Das Spiel baut darauf auf, dass Ihr Hund die Namen einzelner Spielzeuge erkennt. Beginnen Sie mit einem einfachen Beispiel wie etwa einem Ball.

Bitten Sie Hund, das Spielzeug zu holen und sagen Sie dessen Namen – »Ball« – als Teil des Kommandos. Üben Sie das mehrmals, um die Lektion gut sacken zu lassen.

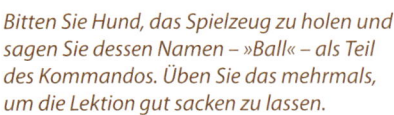

Kenntnisse erweitern

Mischen Sie nach und nach mehrere Spielzeuge dazu und legen diese an unterschiedliche Stellen, bis Ihr Hund weiß, welches Sie meinen, wenn Sie es beim Namen (»Ball«) nennen.

Tipp

Denken Sie sich Namen für die einzelnen Spielzeuge aus, die nicht zu ähnlich klingen, damit Ihr Hund die Worte leichter unterscheiden kann.

Wenn Ihr Hund zuverlässig das genannte Spielzeug (Ball) aufhebt, können Sie das Spiel etwas komplexer gestalten. Befestigen Sie alle Spielzeuge außer dem ausgesuchten mit Schnur an den Haken.

Nur der Ball lässt sich immer noch aufheben.

Die Auswahl wird noch größer

Jetzt ist der Ball eine von sechs Auswahlmöglichkeiten auf dem Brett. Legen Sie ihn auf seine Position und bitten Ihren Hund, Ihnen den »Ball« zu bringen. Er soll unterscheiden lernen, was das Kommandowort bedeutet.

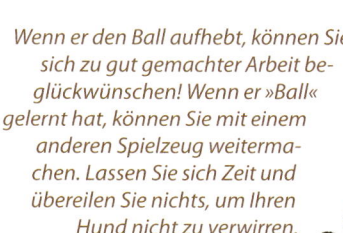

Wenn er den Ball aufhebt, können Sie sich zu gut gemachter Arbeit beglückwünschen! Wenn er »Ball« gelernt hat, können Sie mit einem anderen Spielzeug weitermachen. Lassen Sie sich Zeit und übereilen Sie nichts, um Ihren Hund nicht zu verwirren.

KAPITEL 9

Spiele für lange Autofahrten

Packen Sie ein interessantes Spielzeug für die Reise ein

Mit Leckerchen befüllte Aktivspielzeuge sind goldrichtig, um Hunden stundenlange Autofahrten leichter zu machen. Abends am Ziel können Sie sie ohne großen Aufwand reinigen und neu befüllen.

Heutzutage sind wir mehr denn je mit unseren Hunden unterwegs. Lange Autofahrten können aber für unsere Hunde genauso anstrengend sein wie für uns. Machen Sie so oft wie möglich Pausen, in denen Sie beide sich bewegen können und sorgen Sie mit Aktivspielen für Ablenkung. Wenn Ihr Hund den ganzen Tag im Auto verbracht hat, kann es außerdem problematisch sein, ihn abends zur Ruhe im Hotelzimmer zu bewegen. Mit ein bisschen geistiger Beschäftigung können Sie dann dazu beitragen, unverbrauchte Energie abzubauen.

Für diese Unterwegs-Spiele brauchen Sie keine besonderen Gegenstände, die Sie nicht ohnehin schon auf einer Fahrt mit Ihrem Hund dabeihätten. Falls Sie schon einige der Party-Spiele aus Kapitel 15 geübt haben, können Sie viele davon auch unterwegs ausprobieren. Achten Sie darauf, dass Ihr Hund zuerst entspannt ist und stellen Sie anfangs leichtere Aufgaben, weil er sich weg von zuhause in fremder Umgebung befindet.

Das Schöne an Aktivspielzeugen ist, dass man sie auch unterwegs gut mitnehmen und reinigen kann. Sie nehmen im Auto nicht viel Platz weg und können Ihrem Hund die auf langen Fahrten so wichtige Abwechslung bieten. Je nach Spielzeugart können Sie es lose in die Autobox legen oder am Boxengitter bzw. Sicherheitsgurt festbinden. Nutzen Sie bei Pausenstopps die Gelegenheit, das Spielzeug neu mit Futter zu füllen und vergessen Sie nicht, Ihrem Hund ausreichend Wasser zu geben.

Leckerchen fangen

Nicht alle Hunde können sich selbst gut genug koordinieren, um ein zugeworfenes Leckerchen oder Spielzeug zu fangen. Es ist aber etwas, das man üben kann und es fördert mehr Präzision und Kontrolle über die eigenen Bewegungen. Ein Hund, der fangen kann, ist auch besser auf andere Outdoor-Aktivitäten wie Frisbee spielen oder sogar so etwas Rasantes wie Flyball (s. Kap. 16) vorbereitet.

Sobald Ihr Hund das Leckerchen gut fangen kann, können Sie das Hörzeichen »Fang!« beim Werfen sagen. Üben Sie an verschiedenen Orten und mit verschiedenen Sachen. Mit kleinen Leckerchen ist es schwieriger. Spielzeuge können Sie weiter werfen und sie bewegen sich auf unterschiedliche Weise, was Beweglichkeit und Koordination bei Ihrem Hund unterstützt.

Interaktives Spiel
Hund und Besitzer

Wo:	Im Hotelzimmer oder draußen.
Schwierigkeitsgrad:	☆☆☆ Hoch Üben Sie vorher »Lass es« oder bitten Sie einen Helfer dazu.
Benötigt:	Verschieden große Leckerchen oder ein Spielzeug.

Werfen Sie im Bogen

Stellen Sie sich vor Ihren Hund und zeigen ihm das Leckerchen in Ihrer Hand. Werfen Sie es in einem Aufwärtsbogen auf seinen Kopf zu und machen ihm anfangs das Fangen leicht. Loben Sie ihn überschwänglich, wenn er es schafft.

Tipp
Werfen Sie einem großen Hund keine kleinen Bälle zu, die in seinem Hals steckenbleiben könnten.

Falls er das Leckerchen verpasst, sagen Sie »Lass es« und heben es vom Boden auf. Idealerweise sollte Ihr Hund es nur dann fressen, wenn er es auch gefangen hat.

Bei Misserfolg sind zwei mögliche Gründe zu bedenken:
- *Übereifrig? Hat Ihr Hund das Maul zu schnell zugeschnappt, sodass das Leckerchen an seiner Nase abgeprallt ist?*
- *Zu langsam gewesen? Hat Ihr Hund das Maul zu spät geöffnet, sodass das Leckerchen an ihm vorbei geflogen ist?*

Verändern Sie Ihre Position so, dass Ihr Hund beste Chancen zum Fangen des Leckerchens hat. War er zu schnell, gehen Sie einen Schritt näher zu ihm hin, damit das Leckerchen etwas früher ankommt. War er zu langsam, treten Sie einen Schritt zurück und werfen aus etwas größerer Entfernung, sodass er mehr Zeit zum Reagieren hat.

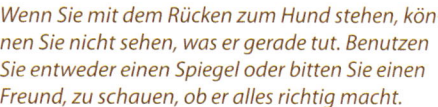

Interaktives Spiel
Hund und Besitzer

Wo:	Hotelzimmer oder auch draußen, wenn dort nicht zu viele Ablenkungen vorhanden sind.
Schwierig-keitsgrad:	☆ ☆ ☆ Hoch
Benötigt:	Leckerchen

Pokerface

Die meisten Hunde achten auf mehrere Zeichen, die wir ihnen während des Trainings geben. Deshalb reagieren sie so gut sowohl auf unsere Handsignale und Körperbewegungen als auch auf unsere Wortkommandos. Weil Hunde so gut darin sind, uns zu »lesen«, ist es kaum möglich, etwas vor ihnen zu verbergen. In diesem Spiel testen Sie, wie gut Ihr Hund darin ist, Ihre Wortkommandos allein zu verstehen, indem Sie alle anderen Hinweise bewusst eliminieren. Wenn Sie es ausprobieren, werden Sie feststellen, dass das gar nicht so einfach ist!

Körpersprachliche Signale weglassen

Suchen Sie ein Kommando aus, das Ihr Hund sehr gut kennt, z. B. »Sitz« oder »Platz«. Stellen Sie sich vor Ihren Hund und sagen Sie Ihr Kommando so, wie Sie es normalerweise immer tun.

Wenn Sie mit dem Rücken zum Hund stehen, können Sie nicht sehen, was er gerade tut. Benutzen Sie entweder einen Spiegel oder bitten Sie einen Freund, zu schauen, ob er alles richtig macht.

Nicht schummeln!

Damit es klappt, müssen Sie lernen, ganz still zu stehen und keine zufälligen Bewegungen zu machen, die Ihr Hund sehen und interpretieren könnten.

Wenn Sie bis jetzt immer mit kombinierten Hör- und Handzeichen gearbeitet haben, kann es sehr schwierig sein, wirklich stockesteif zu stehen und ein Pokerface aufzusetzen. Probieren Sie es aus!

Tipp

Wenn Ihr Hund durcheinander kommt und falsch reagiert, gehen Sie einen Schritt im Training zurück und machen die Aufgabe wieder einfacher. Wenn sich herausstellt, dass er das Hörzeichen noch gar nicht kennt, ist das auch in Ordnung – dann wissen Sie jetzt, dass Sie noch mehr an der Verknüpfung Ihres Hörzeichens arbeiten müssen.

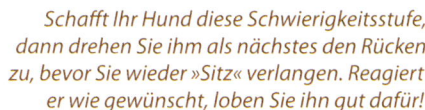

Wiederholen Sie die Übung, aber verschränken Sie dabei diesmal Ihre Arme oder falten die Hände hinter dem Rücken. Bemühen Sie sich, alle unbewussten Bewegungen wegzulassen, die Ihrem Hund Hinweise geben könnten und die er als Signal verstehen könnte.

Schafft Ihr Hund diese Schwierigkeitsstufe, dann drehen Sie ihm als nächstes den Rücken zu, bevor Sie wieder »Sitz« verlangen. Reagiert er wie gewünscht, loben Sie ihn gut dafür!

Erweitern Sie das Spektrum

1. *Wenn es mit den Grundkommandos gut klappt, probieren Sie es auch mit anderen Hörzeichen, von denen Sie denken, dass Ihr Hund sie gut kennt. Nach »Sitz« wäre »Platz« die nächste logische Folge.*
2. *Probieren Sie aus, wie weit Ihr Hund erfolgreich ohne weitere Hilfe von Ihnen kommen kann.*

KAPITEL 10

Wasserspiele

Interaktives Spiel
Hund und Besitzer

Wo:	Draußen oder in einem Raum mit wasserfestem Boden.
Schwierig-keitsgrad:	☆☆ Mittel Üben Sie zuerst »Nimm's«.
Benötigt:	Wasserbecken und Leckerchen, die schwimmen, Handtuch und ggf. eine Matte zum Unterlegen unter das Becken.

Oft haben Hunde an Wasser genauso viel Spaß wie wir. Sie planschen, schwimmen und spritzen gerne darin herum. Manche Rassen sind größere Wasserratten als andere, aber auch die Wasserscheueren können lernen, Spaß an dem nassen Element zu haben. Leichter geht das natürlich mit Junghunden, aber auch Ältere können ihr Misstrauen noch ablegen, wenn man langsam genug vorgeht.

So viel Spaß Wasser auch machen kann, so gefährlich kann es auch für Hunde sein. Sie können ertrinken oder sich an scharfen Gegenständen unter der Wasseroberfläche verletzen. Sie können sich Infektionen oder Parasiten fangen, krankmachende Schadstoffe aufnehmen oder je nach Region sogar von gefährlichen oder giftigen Tieren gebissen werden. Denken Sie also immer gut nach, bevor Sie Ihren Hund in irgendein Gewässer lassen. Zum Glück gibt es ja auch genüg Möglichkeiten, um zuhause vollkommen ungefährliche Wasserspiele zu arrangieren.

Bereiten Sie sich darauf vor, dass Ihr Hund sich nach dem Bad gründlich schütteln wird! Helfen Sie ihm beim Trocknen, indem Sie ihn kräftig mit einem Handtuch abrubbeln und so einer Erkältung vorbeugen.

Füllen Sie das Becken nicht bis zum Rand mit Wasser. Es läuft sonst über, wenn Ihr Hund Pfoten oder Kopf hineintaucht.

Dieses flache Becken hat eine angenehme Höhe für einen kleinen Hund, der mit Pfoten und Kopf hineinreicht, ohne über den Rand krabbeln zu müssen.

Leckerchen fischen

Das Wasserbecken sollte in Größe und Gewicht zum Kaliber Ihres Hundes passen, damit Ihr begeisterter Vierbeiner es nicht so leicht umkippen kann. Füllen Sie es etwa zu zwei Drittel mit Wasser – so ist es einerseits schwer genug, andererseits ist noch genug Spielraum, damit es nicht gleich überläuft, wenn Ihr Hund Pfoten oder Kopf hineintaucht. Wenn Sie ein Becken mit nach innen umgebogenem Rand haben, bleibt Ihrem Hund nichts anderes übrig, als die schwimmenden Leckerchen mit der Schnauze zu fangen anstatt sie mit der Pfote an den Rand zu schieben und dort zu fixieren.

Lassen Sie ein größeres Leckerchen auf dem Wasser schwimmen und sagen Ihrem Hund »Nimms!«. Ist Ihr Hund eher der Spielzeugtyp, lassen Sie seinen Lieblingsball schwimmen.

Sensiblere Hunde können eher dazu überredet werden, ihre Nase ins Wasser zu tauchen, wenn Sie anfangs noch Ihre Hand unter das Leckerchen halten und es so über die Wasseroberfläche heben. Nach und nach halten Sie Ihre Hand tiefer ins Wasser, bis das Leckerchen schwimmt.

Anfangs versucht Ihr Hund vermutlich, seine Pfoten zur Hilfe zu nehmen, um an das Leckerchen oder Spielzeug zu kommen, wird aber schon bald feststellen, dass er seine Zähne benutzen muss, um es aus dem Wasser herauszubekommen. Loben Sie unbedingt schon die ersten Versuche in die richtige Richtung, auch wenn sie fehlschlagen, da er sonst vielleicht vorzeitig aufgeben könnte.

Irgendwann schafft es Ihr Hund, das Leckerchen oder Spielzeug von der Wasseroberfläche zu fischen. Üben Sie spaßeshalber mit verschieden großen Leckerchen und Spielsachen. Sie können sogar verschiedene Spielsachen schwimmen lassen und Ihren Hund bitten, ein bestimmtes herauszufischen (siehe »Spielzeuge am Namen identifizieren«).

Wo:	Draußen oder in einem Raum mit wasserfestem Boden.
Schwierig-keitsgrad:	☆☆☆ Hoch
Benötigt:	Kinderplanschbecken oder anderes großes Wasserbecken, Leckerchen, die untergehen, Hundehandtuch und ggf. Matte zum Unterlegen des Beckens.

Schatztauchen

Wenn Ihr Hund sich traut, die Nase ins Wasser zu stecken und schwimmende Gegenstände zu fischen, können Sie es mit dem folgenden Spiel versuchen, bei dem es wirklich darum geht, einen unter Wasser versunkenen Schatz zu heben. Nicht jeder Hund mag es, sein ganzes Gesicht unter Wasser zu tauchen, aber viele können es lernen und haben dann auch Spaß daran. Falls Ihr Hund Wasser nicht so gerne mag, gehen Sie die Sache sehr langsam an oder versuchen Sie es stattdessen mit anderen Spielen.

Trau dich zu tauchen

Manche Hunde lieben Wasser und tauchen gleich beim ersten Versuch einfach hinein. Die meisten müssen aber erst das Gefühl von Wasser über ihren wichtigsten Sinnesorganen überwinden – Nase, Augen oder vielleicht sogar Ohren. Hilfreich ist auf jeden Fall, zuerst das Fischen schwimmender Leckerchen zu üben.

Wählen Sie das Wasserbecken passend zur Größe Ihres Hundes. Füllen Sie nur so viel Wasser hinein, dass gerade der Boden bedeckt ist. Lassen Sie das Leckerchen darin untergehen und sagen dann Ihrem Hund »Nimms!«.

Tipp

Falls es nicht gerade ein sehr warmer Tag ist, achten Sie darauf, dass Ihr Hund nicht zu sehr auskühlt. Besonders wichtig ist das für Hunde, die nicht für die Wasserarbeit gezüchtet wurden und deren Haarkleid wenig Schutz vor Unterkühlung bietet, wenn es nass wird. Trocknen Sie ihn also hinterher gut ab.

Füllen Sie nur sehr allmählich immer ein bisschen mehr Wasser ins Becken und wiederholen Sie das Spiel, sodass sich Ihr Hund langsam daran gewöhnen kann, dass seine Nase nass wird. Je sicherer Ihr Hund wird, desto tiefer kann das Wasser werden. Arbeiten Sie mit sehr guten Leckerchen, um das Interesse Ihres Hundes zu erhalten.

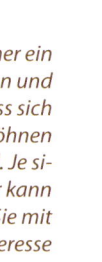

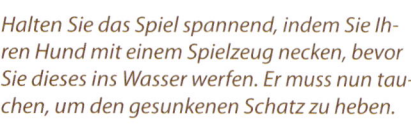

Halten Sie das Spiel spannend, indem Sie Ihren Hund mit einem Spielzeug necken, bevor Sie dieses ins Wasser werfen. Er muss nun tauchen, um den gesunkenen Schatz zu heben.

Wasser-Wettrennen

Gruppenwettrennen mit Ihren Freunden und deren Hunden sind eine tolle Möglichkeit, dass alle gemeinsam Spaß haben. Seien Sie je nach Platz, den Sie zur Verfügung haben, kreativ und denken sich weitere Hindernisse aus.

Interaktives Spiel
Hund und Besitzer

Wo:	Im Hotelzimmer oder draußen.
Schwierig-keitsgrad:	☆☆☆ Hoch
Benötigt:	Wasserbehälter, Plastik- oder Pappbecher, große Messbecher (einer pro Person).

Grundregeln

Vergessen Sie Ihr Training nicht: Der Hund wird niemals gezogen oder geschoben, auch nicht im Eifer des Gefechts.

Die Hunde werden für gutes Verhalten gelobt und mit Leckerchen belohnt.

Die Handschlaufe der Leine wird über das Gelenk derjenigen Hand gelegt, die auch den Wasserbecher hält.

Auf zur Ziellinie

Die einfachste Möglichkeit für dieses Spiel ist, für jedes Mensch-Hund-Team ein paar Kegel aufzustellen, um die sie im Slalom herumgehen müssen. Der Hund muss brav an der Leine gehen, denn je mehr er zieht oder springt, desto mehr Wasser wird natürlich verschüttet.

Stellen Sie Ihren Wasserbehälter an die Startlinie. Jeder Teilnehmer nimmt einen Plastikbecher in die eine und ggf. ein Leckerchen in die andere Hand, wenn der Hund durch den Parcours gelockt werden soll. Auf das Startsignal hin taucht jeder Teilnehmer seinen Becher ins Wasser und läuft los. Bei Erreichen der Ziellinie kippt jeder sein noch übriggebliebenes Wasser in den Messbecher, der für ihn an der Ziellinie steht. Sie können natürlich auch ein Staffelrennen veranstalten, dann würde das nächste Team jetzt loslaufen. Ansonsten gewinnt dasjenige Team, das das meiste Wasser von der Start- zur Ziellinie transportiert hat.

KAPITEL 11

Spiele für weniger aktive Hunde

Interaktives Spiel
Hund und Besitzer

Wo:	Beliebiger Ort, an dem Ihr Hund bequem liegen kann.
Schwierigkeitsgrad:	☆ ☆ Mittel Üben Sie zuerst »Nimms«. und »Lass es«
Benötigt:	Hundekekse, idealerweise große und flache.

Wenn Sie sich beim Lesen dieses Buchs fragen, welche Spiele für Ihren älteren oder nicht so mobilen Hund geeignet sind, hängt die Antwort wirklich vom Grad seiner Fitness und auch von seinem Körperbau ab. Manche alten Hunde sind noch unglaublich fit und agil, während andere sichtbar langsam sind. Hunde mit körperlichen Beschwerden, die ihre Bewegungsfähigkeit einschränken, können bei einigen der aktiveren Spiele Probleme haben. Dafür können Sie mit ihnen einige der Spiele aus diesem Kapitel ausprobieren. Natürlich sind die gleichen Spiele auch für körperlich fitte Hunde geeignet. Bei alten Hunden, die nicht nicht mehr so gut sehen und riechen, müssen Sie auf klare Handzeichen achten und Leckerchen mit stärkerem Geruch nehmen.

Tipp
Wichtig ist, dass Ihr Hund die Kommandos »Nimms« und »Lass es« gut kennt. Wiederholen Sie diese gegebenenfalls.

Leckerchen auf der Pfote balancieren

Dies ist ein prima Spiel für Hunde, die nicht mehr so schnell sind oder körperlich nicht mehr zum Herumspringen in der Lage sind. Für einen jungen und stürmischen Hund ist es aber auch eine tolle Trainingsherausforderung!

Bitten Sie Ihren Hund ins »Platz«. Legen Sie vorsichtig einen Keks auf eine seiner Vorderpfoten. Falls er ihn sich zu nehmen versucht, nehmen Sie ihn weg. Sagen Sie »Lass es«, während Sie den Keks auf seine Pfote legen. Nach einem kurzen Moment sagen Sie dann »Nimms« und loben ihn. Möglicherweise zögert er jetzt, weil Sie ja zuvor »Lass es« gesagt haben. In dem Fall ermuntern Sie ihn, indem Sie den Keks von seiner Pfote nehmen und ihm anbieten. Bauen Sie dann langsam die Zeit auf, die er warten muss, bevor Sie ihm »Nimms« sagen.

Machen Sie das Spiel schwieriger, indem Sie einen Keks auf die andere Pfote legen. Sobald Ihr Hund es mit jeder Pfote einzeln kann, versuchen Sie es mit je einem Keks auf beiden Pfoten gleichzeitig. Achten Sie darauf, »Nimms« zur richtigen Zeit zu sagen.

Legen Sie auf beide Vorderpfoten einen Keks. Machen Sie Ihren Hund auf den Keks auf seiner linken Pfote aufmerksam, indem Sie darauf zeigen und »Links nimms« sagen.

Üben Sie jede Seite einzeln (»Rechts nimms« für die rechte Pfote), damit Ihr Hund die Chance hat, die Worte für beide Seiten zu lernen. Machen Sie es ihm am Anfang leichter, indem Sie ihm zeigen, welche Pfote Sie meinen. Falls er vorzeitig den zweiten Keks nehmen möchte, sagen Sie »Lass es«. Üben Sie, bis er rechts von links korrekt unterscheiden kann.

Als Endziel soll Ihr Hund die Kekse in der Reihenfolge nehmen, die Sie ihm vorgeben – zum Beispiel »Links« und »Rechts«.

Keks auf der Nase balancieren

Dieses Spaßspiel setzt keine körperliche Aktivität von Ihrem Hund voraus, nur Kontrolle und Konzentration auf Ihre Kommandos. Ihr Hund balanciert einen Keks so lange auf seiner Nase, bis Sie »Nimms« sagen.

Interaktives Spiel
Hund und Besitzer

Wo:	Beliebiger bequemer Ort.
Schwierig-keitsgrad:	☆ ☆ ☆ Hoch Üben Sie zuerst ein zuverlässiges »Sitz«.
Benötigt:	Leckerchen – mit großen, flachen Hundekeksen geht es am besten.

Der große Balanceakt

Lassen Sie Ihren Hund frontal vor sich sitzen. Je nach Größe Ihres Hundes sitzen oder stehen Sie vor ihm. Halten Sie mit einer Hand sanft seinen Fang und legen mit der anderen den Keks auf seinen Nasenrücken. Der beste Balancepunkt kann je nach Nasenform und –länge Ihres Hundes ein anderer sein. Sobald er zulässt, dass der Keks seine Nase berührt, nehmen Sie ihn wieder fort und sagen »Nimms«.

Beim nächsten Versuch lassen Sie den Keks ein bisschen länger liegen, bevor Sie ihn Ihrem Hund anbieten. (Stabilisieren Sie in dieser Phase immer noch sanft den Fang mit Ihrer anderen Hand). Kündigen Sie die Pause mit erhobenem Zeigefinger an, wie Sie es bei »Warte« oder »Bleib« machen. Halten Sie dazu anfangs die Hand dicht vor seine Nase.

Steigern Sie ganz langsam die Zeitdauer, die der Keks balanciert werden muss und gehen Sie allmählich immer weiter von Ihrem Hund zurück. Beenden Sie jede Pause mit »Nimms«. Manche Hunde werden die Nase senken, um das Leckerchen herunterfallen zu lassen, andere werden den Kopf hochwerfen. Beides ist in Ordnung. Üben Sie, bis Ihr Hund den Keks bis zum Kommando »Nimms« balancieren kann, auch, wenn Sie weiter weg stehen.

Schäm dich

In diesem Spiel soll der Hund lernen, eine Vorderpfote über seine Nase zu legen, als ob er sich schämen und sein Gesicht verstecken wollte. Das sieht sehr niedlich aus und ist eine tolle Ergänzung für das Repertoire Ihres Hundes.

Interaktives Spiel
Hund und Besitzer

Wo:	Beliebiger Ort, an dem Ihr Hund entspannt ist.
Schwierig-keitsgrad:	☆☆☆ Hoch
Benötigt:	Kleine Notiz-Haft-zettel (oder größere in Streifen geschnit-tene), Leckerchen.

Lassen Sie Ihren Hund vor sich sitzen. Kleben Sie vorsichtig einen der Haft-Notizzettel auf seinen Nasenrücken.

Die meisten Hunde heben nun eine Pfote, um den Zettel damit abzustreifen. Clicken und belohnen Sie sofort. Falls Ihr Hund den Zettel abgestreift hat, macht das nichts – nehmen Sie einfach für den nächsten Durchgang einen neuen.

Tipp
Benutzen Sie kein starkes Klebeband, das beim Abmachen an den Fellhaaren Ihres Hundes ziepen würde, sonst verleiden Sie ihm das Spiel.

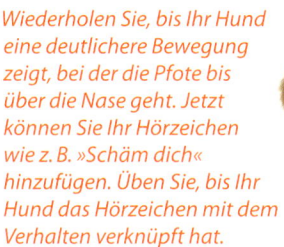

Wiederholen Sie, bis Ihr Hund eine deutlichere Bewegung zeigt, bei der die Pfote bis über die Nase geht. Jetzt können Sie Ihr Hörzeichen wie z. B. »Schäm dich« hinzufügen. Üben Sie, bis Ihr Hund das Hörzeichen mit dem Verhalten verknüpft hat.

Reduzieren Sie nach und nach die Größe des Zettels, bis Ihr Hund diesen Auslöser nicht mehr braucht und auf Ihr Hörzeichen alleine reagieren kann.

KAPITEL 12

Suchspiele

Wenn Sie einen Hund mit starkem Suchtrieb besitzen, können Sie ihm Spiele anbieten, die diese Instinkte in die richtigen Bahnen lenken. Dabei ist wichtig, immer so langsam vorzugehen, dass der Hund jede Phase des Spiels verstanden hat, bevor Sie zur nächsten Stufe weitergehen. Jeder Hund hat seine eigenen Suchtechniken – beobachten Sie Ihren gut und nutzen Sie seine Talente.

Hütchenspiel

Lassen Sie Ihren Hund zusehen, wie Sie ein Leckerchen oder Spielzeug unter einem Blumentopf verstecken. Motivieren Sie ihn dann zum Näherkommen. Vermutlich wird er zuerst am Topf schnüffeln. Warten Sie möglichst, bis er mit der Pfote an den Topf geht, bevor Sie ihn loben und den Topf aufdecken.

Fügen Sie einen zweiten, leeren Blumentopf hinzu und üben Sie, dass Ihr Hund denjenigen mit dem Leckerchen darunter findet. Animieren Sie ihn zum Einsatz seiner Nase, indem Sie die Position der Töpfe öfter verändern. Jetzt können Sie auch Ihr Hörzeichen ins Spiel bringen. Das kann »Such« sein, aber auch ein neues, anderes Kommando.

Fügen Sie einen dritten, leeren Topf hinzu und üben Sie, bis Ihr Hund zuverlässig den richtigen Topf findet und berührt, um an sein Leckerchen zu kommen.

Falls Ihr Hund den falschen Topf wählt, ignorieren Sie das einfach. Er wird lernen, dass er nur dann eine Belohnung bekommt, wenn er den Topf mit dem Leckerchen darunter auswählt.

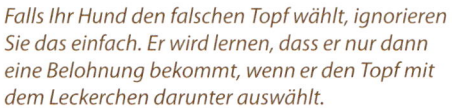

Version für Fortgeschrittene

Anstatt Ihren Hund zwischen umgedrehten Blumentöpfen wählen zu lassen, verstecken Sie das Futter in einer verschlossenen Frischhaltedose. Anfangs legen Sie den Deckel nur lose darauf und verschließen ihn noch nicht. Lassen Sie Ihren Hund hingehen und daran schnüffeln oder mit der Pfote kratzen. Loben Sie ihn dafür, heben den Deckel ab und geben ihm das Leckerchen. Üben Sie dann mit verschlossenem Deckel, was es für den Hund schwieriger (aber nicht unmöglich) macht, den Geruch zu entdecken. Fügen Sie nach und nach mehr Dosen hinzu, die alle verschlossen sind, aber von denen nur eine Futter enthält. Falls die Dosen durchsichtig sind, verstecken Sie das Futter darin in etwas Papier und befüllen Sie auch die anderen Behälter mit Papier, sodass alle gleich aussehen.

Ihr Hund wird durch die Aussicht auf etwas Leckeres motiviert sein.

Der Abwechslung halber können Sie dieses Spiel auch mit Hundespielsachen anstatt mit Leckerchen spielen. Zeigen Sie Ihrem Hund zuerst das Spielzeug und lassen ihn daran riechen.

Lassen Sie Ihren Hund anfangs zusehen, in welchen Behälter Sie das Futter legen, damit er die Idee hinter dem Spiel begreift. Später verstecken Sie es, ohne dass er es sehen kann.

Findet Ihr Hund den richtigen Behälter, loben Sie ihn, machen die Dose auf und geben ihm das Leckerchen.

Trotz verschlossenen Deckels hat er die richtige Dose erschnüffelt.

Achten Sie darauf, dass Sie die anderen Behälter nicht mit Fingern anfassen, die nach dem Futter riechen. Wenn Sie den Geruch auf einen leeren Behälter übertragen, können Sie Ihren Hund verwirren.

Aus den Augen, aber nicht aus dem Sinn

Wenn Ihr Hund schon Spielsachen apportieren kann, die Sie ihm werfen, können Sie ihm eine neue Herausforderung bieten. Besonders interessant ist das für Arbeitshunderassen mit starkem Suchtrieb. Stellen Sie sich so hin, dass eine Sichtschutzbarriere wie z. B. eine Hecke oder Büsche zwischen Ihnen und Ihrem Hund liegt. Dahinter sollte ein freier Bereich sein, in den Ihr Hund gefahrlos zum Apportieren hineinlaufen kann. Wenn Sie keinen passenden Sichtschutz finden, können Sie aus einem Windschutznetz oder einem zwischen zwei Stühlen aufgehängten Betttuch selbst einen schaffen.

Setzen oder stellen Sie sich auf die eine Seite des Sichtschutzes, nachdem Sie sich vergewissert haben, dass Ihr Hund gefahrlos auf die andere Seite laufen kann.

Wenn Sie das Spiel im eigenen Garten spielen möchten, können Sie Ihren eigenen Sichtschutz aus einer Decke und Stühlen oder ähnlichem bauen.

Bleiben Sie in kurzer Entfernung zum Sichtschutz (2-3 m). Ihr Hund kann entweder angeleint sein oder im »Bleib« warten. Zeigen Sie ihm das Spielzeug und werfen es dann so, dass es außerhalb seiner Sichtweite hinter der Barriere landet.

Hunde, die gerne etwas nachjagen, haben großen Spaß an diesem energiegeladenen Spiel.

Geben Sie Ihren Hund frei und sagen Ihr Apportierkommando (z. B. »Hols«). Belohnen Sie Ihren Hund, wenn er mit dem Spielzeug zurückkommt. Werfen Sie noch zwei oder drei Mal, bevor Sie eine kleine Pause machen.

Ihr Hund wird hinter dem Spielzeug her hinter den Sichtschutz flitzen.

Tipp
Noch spannender wird das Spiel, wenn Sie zwei Spielzeuge gleichzeitig werfen und Ihren Hund bitten, Ihnen beide zurückzubringen- entweder gleichzeitig, wenn es kleinere Dinge sind, oder nacheinander. Beide Spielzeuge sollten ihm zuvor als Apportiergegenstände vertraut sein.

Motivieren Sie Ihren Hund, Ihnen das Spielzeug zu bringen. Beim Üben können Sie es allmählich immer weiter werfen oder weiter von der Barriere weggehen.

Damit das Spiel immer weitergehen kann, muss Ihr Hund das Spielzeug brav hergeben.

Ihre Erfolgschancen sind am besten, wenn Sie ein Spielzeug nehmen, dass Ihr Hund sehr gerne apportiert.

Steigern Sie als nächstes die Zeit, die Sie Ihren Hund warten lassen, bevor Sie ihn zum Apportieren losschicken.

Zu einer besonderen Herausforderung wird dieses lustige und sehr aktive Spiel, wenn Sie mit zwei Bällen gleichzeitig spielen. Gleichzeitig sorgen Sie dafür, dass Ihr Hund viel Bewegung bekommt.

Interaktives Spiel
Hund und Besitzer

Wo:	Bei Ihnen zuhause.
Schwierig-keitsgrad:	✰✰✰✰ Anspruchsvoll
Benötigt:	Üben Sie zuerst einen zuverlässigen Rückruf und die Art der Anzeige, die Ihr Hund machen soll.

Eine Person abholen

Dieses Spiel ist eine echte Herausforderung, aber gleichzeitig auch sehr nützlich. Besonders hilfreich ist es für Hundebesitzer, die selbst nicht mehr so beweglich sind oder nicht mehr so gut hören und nicht immer mitbekommen, wenn Familienmitglieder sie rufen. Für uns anderen ist es einfach nur schön, wenn wir gerade ein bisschen faul sind …

Teil 1

Überlegen Sie, welche Person Ihr Hund am sinn-vollsten abholen soll. Wenn Ihr Hund das Spiel später gut be-herrscht, können Sie auch noch weitere Personen hinzufügen. In diesem Fall schickt Ann den Hund, um Claire abzu-holen.

Ann hält Ihren Hund sanft am Halsband zurück. Claire lockt ihn mit einem Spielzeug und läuft dann zum anderen Ende des Raums. Vermutlich wird der Hund ihr nun folgen. Jetzt sag Ann »Hol Claire!« und lässt ihn los. Dafür, dass er zu Claire läuft, wird er ausgiebig gelobt und belohnt.

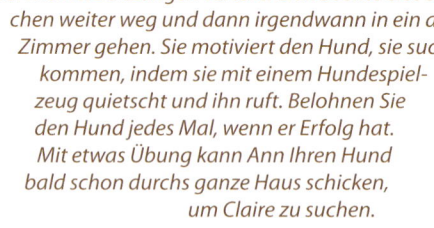

Der Hund wird erst losgelassen, wenn Claire schon ein Stück weit weg ist.

Üben Sie gut über mehrere Sitzungen verteilt. Claire sollte erst ein biss-chen weiter weg und dann irgendwann in ein anderes Zimmer gehen. Sie motiviert den Hund, sie suchen zu kommen, indem sie mit einem Hundespiel-zeug quietscht und ihn ruft. Belohnen Sie den Hund jedes Mal, wenn er Erfolg hat. Mit etwas Übung kann Ann Ihren Hund bald schon durchs ganze Haus schicken, um Claire zu suchen.

Teil 2

Wenn der Hund Claire gefunden hat, sollte er sie als nächstes auf sich aufmerksam machen, damit sie auch weiß, dass sie abgeholt werden soll. Sonst könnte es passieren, dass Sie den Hund ignoriert und ihr die Botschaft entgeht, die er zu überbringen hat.

Wie der Hund die Aufmerksamkeit der Zielperson erregt, kann viele Formen annehmen. Was genau Sie dafür auswählen, hängt von Ihrem Hund und Ihren persönlichen Vorlieben ab. Es könnte ein Anstupsen mit der Nase sein, ein Anspringen oder irgendetwas anderes, das dem Hund leichtfällt. Am häufigsten wird das Berühren mit der Pfote genutzt.

Tipp

In diesem Stadium kann das Spiel auch dazu benutzt werden, um Botschaften vom einen zum anderen zu schicken, wenn man in unterschiedlichen Bereichen des Hauses beschäftigt ist: Befestigen Sie eine Notiz am Halsband des Hundes und schicken ihn los, die andere Person zu finden.

Bevor es mit dem Spiel weitergeht, sollte Claire ein paar Mal mit Ihrem Hund die Pfotenberührung üben. Hochwertige Leckerchen stellen sicher, dass er die Anzeige mit der Pfote später auch in der Aufregung des Spiel zeigen wird.

Gehen Sie dann einen Schritt im Training zurück und machen das Spiel nochmals etwas einfacher, damit es durch die Zusatzaufgabe nicht zu schwierig wird. Wenn der Hund Claire findet, wird er jetzt aufgefordert, sie mit der Pfote zu berühren, bevor er gelobt und belohnt wird. Zum Üben sind mehrere Trainingssitzungen notwendig.

Teil 3

Das letzte Mosaiksteinchen in diesem Spiel ist, dass Ann Ihren Hund losschickt und dieser mit Claire zu ihr zurückkommt. Auch hier sollten Sie das Training zunächst wieder einfacher machen, bis auch dieses Element erfolgreich ins Spiel integriert wurde. Ann wartet, bis Ihr Hund Claire gegenüber das Anzeigesignal gezeigt hat (Pfotenberührung). Dann ruft sie ihn oder quietscht mit einem Spielzeug, damit er zu ihr zurückkommt. Claire kommt zusammen mit dem Hund zurück und belohnt ihn dann dort.
Mit etwas Übung wird Ihr Hund in der Lage sein, die gewünschte Person abzuholen und mit ihr zu Ihnen zurückzukommen, um sich seine Belohnung zu verdienen. Wichtig ist, dass alle, die mit Ihrem Hund arbeiten, sich an die gleichen Regeln halten.

Job erledigt! Zeit für ein Leckerchen…

KAPITEL 13

Sesselspiele

Die meisten Spiele erfordern sowohl vom Hund als auch vom Besitzer viel Aktivität, aber es gibt auch viele Brain Games für weniger bewegliche Besitzer oder solche, die nach dem Ausprobieren all der anderen Aktionsspiele aus diesem Buch einfach erschöpft sind! Geistige Auslastung ist genauso wichtig wie körperliche. Verbringen Sie also etwas Zeit damit, Ihrem Hund ein paar dieser neuen Aufgaben beizubringen. Manche davon haben auch praktische Anwendungen im Alltag!

Üben Sie zuerst den Nasentouch

Üben Sie mit Ihrem Hund den Nasentouch, also dass er die Spitze des Targentstabs mit der Nase berührt, wie in Kapitel 5 beschrieben. Belohnen Sie ihn jedes Mal, wenn er die Stabspitze mit der Nase berührt. Achten Sie auf gutes Timing, damit Sie ihn nicht versehentlich dafür belohnen, dass er den Stab ableckt oder hineinbeißt, was Ihr Training verlangsamen würde.

Targetstab

Wenn Sie die Spiele aus Kapitel 5 mögen, bei denen Ihr Hund einen bestimmten Gegenstand (Target) berühren, können Sie dieses Prinzip für ein paar Spiele nutzen, für die Sie nicht aus dem Sessel aufstehen müssen. Sie brauchen dazu einen Targetstab, den Sie kaufen oder selbst machen kann. An der Spitze eines idealerweise ausziehbaren Stabs befindet sich ein Marker. Sie haben damit eine Verlängerung Ihres Arms, was viele Aufgaben einfacher macht. Sie können auch einfach nur Ihre Hand benutzen, aber reichen damit nicht so weit und müssen sich tiefer bücken.

Ihr Hund soll die Stabspitze berühren, egal, wie hoch Sie den Stab halten.

Sobald Ihr Hund zuverlässig die Spitze berührt, egal, wie Sie den Stab halten, können Sie damit verschiedene Spiele trainieren, ohne aus dem Sessel aufstehen zu müssen.

Targetstäbe sind meistens ausziehbar, sodass Sie die Länge einstellen können.

Diener

Ihrem Hund das Verbeugen beizubringen sollte kein großes Problem sein, weil alle Hunde von sich aus diese Haltung einnehmen, wenn sie spielen möchten oder wohlig ihren Rücken strecken.

Diener bitte

Ihr Hund steht nahe bei Ihnen. Lassen Sie ihn sich daran gewöhnen, den Targetstab mit der Nase zu berühren.

Bewegen Sie den Targetstab von der Nase Ihres Hundes zum Bereich zwischen seinen Pfoten herunter. Um den Marker bequem berühren zu können, wird Ihr Hund sich vermutlich verbeugen. Sobald er das tut, loben und belohnen Sie ihn.

Interaktives Spiel Hund und Besitzer	
Wo:	Beliebiger Ort, an dem der Hund sich wohlfühlt
Schwierig-keitsgrad:	☆ ☆ Mittel
Benötigt:	Leckerchen, Targetstab

Tipp
Seien Sie schnell mit dem Belohnen, denn wenn Sie zu lange warten, begibt Ihr Hund sich vermutlich in Platz-Position.

Wenn Ihr Hund dem Targetstab nach unten mit der Nase folgt, sollte das zu einer Verbeugung führen.

Tipp
Mit Hilfe des Targetstabs können Sie Ihrem Hund auch beibringen, sich zu drehen und zu tanzen. (Kap. 15).

133

Spring drüber

Ist Ihr Hund ausgewachsen und körperlich fit, können Sie ihm auch dann das Hürdenspringen beibringen, wenn Sie selbst nicht aufstehen und mit ihm herumlaufen können. Viel leichter geht das natürlich mit kleinen bis mittelgroßen Hunden, weil diese sich auf kleinem Raum besser selbst manövrieren können.

Arbeiten Sie nach der gleichen Methode wie in Kapitel 4 unter »Hopp« beschrieben und benutzen Sie einen Spazierstock oder Ihr ausgestrecktes Bein. Das wird die erste Schwierigkeitsstufe Ihres Springunterrichts. Üben Sie, bis Ihr Hund auf Kommando über Ihr Bein springen kann. Am einfachsten geht das, wenn Sie Ihren Fuß oder das Ende des Spazierstocks auf irgendeine Ablage wie z.B. einen Fußhocker legen. Mit diesem Spiel können Sie Ihren Hund selbst an den Tagen zu Aktivität ermuntern, an denen Sie selbst vielleicht nicht aufstehen und gehen können.

Interaktives Spiel Hund und Besitzer	
Wo:	Ort, an dem Ihr Hund entspannt ist und sich wohlfühlt und an dem er genügend Platz zum Abspringen und Landen hat.
Schwierig-keitsgrad:	☆☆ Mittel
Benötigt:	Spazierstock und Leckerchen. Etwas, auf dem Sie Ihren Fuß ablegen können, kann hilfreich sein.

Ein Leckerchen in Ihrer Hand ist ein effektives Lockmittel.

Über ein Bein springen.

Um Ihren Hund an das Spiel zu gewöhnen, fangen Sie damit an, ihn einfach nur gehend über Ihr ausgestrecktes Bein zu locken.

Wenn er das Prinzip verstanden hat und Vertrauen fasst, ermuntern Sie ihn zu mehr Geschwindigkeit und einem kleinen Hüpfer über Ihr Bein.

Halten Sie den Sprung für einen kleinen Hund niedrig.

Über einen Stock springen

Wenn es Ihnen zu anstrengend wird, das Bein vor sich zu strecken, können Sie stattdessen auch einen Spazierstock oder anderen stabilen Stab benutzen. Das hat den zusätzlichen Vorteil, dass Sie das Risiko von Stößen und Prellungen vermeiden, falls Ihr Hund den Sprung falsch einschätzt. Achten Sie wie bei allen Sprungübungen darauf, dass der Bereich vor und hinter dem Sprung freigeräumt und rutschfest ist.

Versuchen Sie Ihren Hund dazu zu bringen, in beide Richtungen gleichermaßen über den Stock zu springen. So vermeiden Sie, dass er eine Lieblingsseite entwickelt. Sie können auch langsam den Stock höher heben, aber bleiben Sie realistisch, was eine vernünftige Endhöhe angeht.

Nach und nach können Sie das Stabende, das anfangs auf dem Boden gelegen hat, höher heben.

Tipp

Falls Sie einen sehr großen Hund besitzen, sollten Sie ihn lieber nicht über Ihr Bein springen lassen, denn er könnte versehentlich darauf landen und Ihnen wehtun. Benutzen Sie stattdessen lieber einen Stab, Stock oder zusammengeklappten Regenschirm.

Höher springen

Sobald Ihr Hund sicher über Ihr Bein springen kann, wenn Ihr Fuß auf dem Boden steht, ist es Zeit, die »Stange« höher zu legen! Suchen Sie sich einen Fußschemel oder umgedrehten Papierkorb und legen Sie Ihren Fuß darauf. Jetzt hat Ihr Hund eine ganz schön anspruchsvolle Hürde zu bewältigen.

Niesen als Apportierkommando

Interaktives Spiel
Hund und Besitzer

Wo:	Bei Ihnen zuhause.
Schwierigkeitsgrad:	☆☆☆☆ Anspruchsvoll Üben Sie zuerst das zuverlässige Apportieren.
Benötigt:	Karton mit Papiertaschentüchern oder Stofftaschentuch und Leckerchen.

Ziel dieses Spiels ist, dass Ihr Hund ein Taschentuch bringt, sobald er Sie niesen hört.

Üben Sie anfangs, dass Ihr Hund ein Papier- oder Stofftaschentuch aufheben und apportieren kann. Viele Hunde lieben dieses Spiel, weil Taschentücher sonst immer für sie tabu sind! Üben Sie das Apportieren eines Taschentuchs, das Sie auf den Boden gelegt haben. In den späteren Phasen des Spiels wird es helfen, wenn Sie jetzt gleichzeitig mit Ihrem Hörzeichen für das Apportieren noch mit der Hand auf das Taschentuch zeigen.

Ein Taschentuch bitte

Sobald Ihr Hund ein Taschentuch vom Boden aufheben kann, legen Sie eins lose oben auf die Pappbox und üben Sie das Apportieren aus dieser neuen Position. Hat Ihr Hund gelernt, nur dann ein Taschentuch zu bringen, wenn er das Kommando »Brings« gehört hat, können Sie mit einer offenen Box Taschentücher üben. Räumen Sie bis dahin alle herumliegenden Taschentücher konsequent weg, weil Ihr Hund sie sonst wahrscheinlich überall aufhebt und bringt.

Als Nächstes führen Sie Ihr neues Hörzeichen, das Niesgeräusch oder »Hatschi!« ein. Machen Sie es, kurz bevor Sie »Brings« sagen. Wenn Ihr Hund gut auf Ihr Handzeichen reagiert, können Sie das neue Geräusch und das Handzeichen gleichzeitig geben. Mit etwas Übung wird Ihr Hund bald eine Verknüpfung zwischen dem Niesgeräusch und dem Apportieren des Taschentuchs bilden. Belohnen Sie ihn jedes Mal gut, wenn er Ihnen das Taschentuch bringt.

Legen Sie anfangs ein Taschentuch oben auf die Box.

Wenn Ihr Hund die Verknüpfung gebildet hat, wird er die Handlung schon erwarten, sobald er das Niesgeräusch hört. Mit Lob und Belohnungen verstärken Sie seine Reaktion. Ziel dieses Tricks ist, dass Ihr Hund auch bei einer echten Erkältung Ihrerseits losflitzt und ein Taschentuch holt, sobald er Sie niesen hört. Eine klasse Sache!

Verstecken Sie ein paar Leckerchen in Ihrer Hand, um einen guten Apport belohnen zu können.

Sie können das Niesgeräusch auch noch mit einem Handzeichen verknüpfen.

Versteck Dich

Diesen niedlichen Trick können die meisten Hunde lernen, wenn Sie etwas Geduld haben. Lassen Sie Ihren Hund zunächst dicht neben sich Sitz machen. Halten Sie ein Leckerchen vor seine Nase und bewegen es langsam nach oben, sodass er sich strecken muss, um ihm zu folgen. Wenn er sich auf seine Hanken setzt, sollte er jetzt seine Pfoten wie zum Männchenmachen haben und auf Ihrem Arm, Bein oder einem Stuhl ablegen.

Interaktives Spiel
Hund und Besitzer

Wo:	Beliebiger Ort, an dem der Hund sich wohlfühlt
Schwierigkeitsgrad:	☆☆☆☆ Anspruchsvoll Einfacher, wenn Ihr Hund schon sitzend »Männchen machen« kann.
Benötigt:	Leckerchen, Targetstab

Im nächsten Schritt formen Sie das Verstecken des Kopfes heraus, das diesen Trick erst so niedlich macht. Sobald Ihr Hund sitzt und die Vorderpfoten auf Ihrem Arm, Bein oder einem Stuhl abgelegt hat, halten Sie den Targetstab so, dass er seinen Kopf ein bisschen senken muss, um mit der Nase daranzukommen. Halten Sie beim weiteren Üben den Targetstab nach und nach immer ein bisschen tiefer, damit der Kopf sich in die gewünschte Position bewegt.

So sollte »Versteck dich« am Ende aussehen.

Üben Sie, bis Ihr Hund diese Bewegung leicht ausführen kann. Fügen Sie jetzt Ihr Hörzeichen »Versteck Dich« hinzu und belohnen ihn gut, wenn er Erfolg hat. Steigern Sie allmählich die Dauer, die er diese Position halten muss, um jeweils ein paar Sekunden. Mit der Zeit können Sie den Targetstab wieder ausschleichen und schließlich ganz weglassen, sodass Ihr Hund den Kopf auch ohne diese Hilfe senkt.

Hol den Napf

Dies ist eigentlich eine erweiterte Suchaufgabe, bei der der Gegenstand, den der Hund bringen soll, benannt wird. Natürlich weiß Ihr Hund immer, wo sein Napf ist, sodass die Chance für Verwirrung geringer ist. Außerdem verknüpft er mit dem Napf nur Angenehmes, was die Sache ebenfalls einfacher macht.

Als erstes müssen Sie sicherstellen, dass Ihr Hund den Napf aufheben kann. Manche Näpfe sind so geformt, dass sie für den Hund sehr schwierig mit den Zähnen zu packen sein können. Mit etwas Übung bekommen die meisten Hunde aber auch das hin. Ist Ihr Napf zu ungünstig geformt oder zu schwer, probieren Sie es zuerst mit einer einfacheren und leichteren Variante.

Tipp
Lassen Sie Ihren Hund keinen Keramiknapf hochheben, weil dieser zerbrechen kann, wenn er herunterfällt.

Den Napf aus der Hand nehmen

Sichern Sie sich zuerst die Aufmerksamkeit Ihres Hundes. Bieten Sie ihm den Napf an und sagen »Nimms«. Wenn er ihn mit den Zähnen fasst, loben Sie ihn und geben ihm ein Leckerchen. Anfangs genügt es, wenn er ihn wenige Sekunden festhält.

Lassen Sie ihn nach und nach immer ein bisschen länger den Napf festhalten, bevor Sie ihm die Belohnung geben. Wenn er den Napf gut halten kann, fordern Sie ihn auf, ihn zu Ihnen zu bringen.

Dieser Plastiknapf hat eine gute Form, die dem Hund das Tragen erleichtert.

Bieten Sie ihm den Napf an und treten dann ein paar Schritte zurück. Motivieren Sie ihn, Ihnen den Napf zu bringen und belohnen ihn dafür. Wiederholen Sie, bis Ihr Hund den Napf aus immer größerer Entfernung zu Ihnen bringen kann – und schließlich von dort aus, wo er normalerweise steht.

Vom Boden hochheben

Wenn Ihr Hund den Napf festhalten, tragen und zu Ihnen bringen kann, ist er bereit für den nächsten Lernschritt: Ihn selbst vom Boden aufzuheben.

Stellen Sie den Napf auf den Boden und ermuntern Ihren Hund mit »Nimms«, ihn hochzuheben. Sobald er das tut, loben und belohnen Sie ihn. Üben Sie, bis er den Napf auf Signal hin problemlos aufheben kann.

Hochheben und Tragen

Sobald Ihr Hund die Einzelteile dieses Spiels beherrscht, ist es an der Zeit, sie miteinander zu verknüpfen. Fügen Sie jetzt Ihr Hörzeichen hinzu, damit die Handlung vollständig ist. Sie können natürlich einfach »Napf« sagen, aber lustiger wäre etwas wie »Essen« oder »Hunger«. Sagen Sie das neue Hörzeichen anfangs unmittelbar vor dem alten »Nimm's« (oder »Hol's«, je nachdem, was Sie hierfür verwenden). Sobald Ihr Hund das neue Hörzeichen verknüpft hat, können Sie das alte weglassen.

Interaktives Spiel
Hund und Besitzer

Wo:	Wohn- oder Fernsehzimmer
Schwierigkeitsgrad:	☆ ☆ ☆ Hoch Üben Sie zuerst »Such« und Apportieren.
Benötigt:	Für den Anfang eine alte Fernbedienung ohne Batterien, später eine echte, Leckerchen.

Die Fernbedienung, bitte!

Jedem von uns ist es schon einmal so gegangen, dass wir uns gerade gemütlich in den Sessel fallen gelassen und dann festgestellt haben, dass die Fernbedienung für den Fernseher außer Reichweite liegt. Wäre es nicht prima, wenn Ihr Hund lernen würde, Sie Ihnen zu bringen?

Sicherheitshinweis

Üben Sie anfangs unbedingt mit einer Fernbedienung, aus der Sie die Batterien entfernt haben. Es könnte nämlich sein, dass Ihr Hund das neue Spiel anfangs so aufregend findet, dass er auf der Fernbedienung herumbeißt. Erst wenn Ihr Hund gelernt hat, dass er die Fernbedienung nur nehmen soll, wenn er dazu aufgefordert wird und dass er nicht damit spielen soll, können Sie sie gegen eine echte austauschen.

Fernbedienung aufheben

Beginnen Sie damit, dass der Hund Ihnen die Fernbedienung aus der Hand abnimmt (»Nimms«). Loben und belohnen Sie ihn dafür.

Sobald er die Fernbedienung willig nimmt, beginnen Sie ein Suchspiel damit zu spielen. Lassen Sie Ihren Hund anfangs zuschauen, wo Sie die Fernbedienung hinlegen und schicken Sie ihn zum Holen hin.

Tipp
Halten Sie Ihre echte Fernbedie-
nung anfangs außer Reichwei-
te des Hundes, so lange er noch
lernt. Sorgen Sie, wenn Sie spä-
ter die richtige nehmen, für zu-
sätzliche Sicherheit, indem Sie
das Batteriefach mit Pflaster
oder Klebestreifen zukleben.

Belohnen
Sie ihn gut erfolg-
reiches »Finden«. Üben Sie,
bis Ihr Hund Ihnen bei jeder
Aufforderung erfolgreich
die Fernbedienung bringen
kann.

Achten Sie darauf, dass er
Ihnen die Fernbedienung
in die Hand gibt.

Das Hörzeichen hinzufügen

Fügen Sie jetzt Ihr Hörzeichen (z. B. »Glotze«) vor dem alten Hörzeichen »Nimm's« oder
»Hol's« hinzu. Wenn Sie das oft genug wiederholen, wird Ihr Hund das Spiel schon er-
warten, sobald er das neue Hörzeichen hört.

Sobald Ihr Hund die Verknüp-
fung gebildet hat, können
Sie das Hörzeichen »Nimm's«
weglassen.

KAPITEL 14

Spiele für bestimmte Rassen

Terrier

Die meisten Terrier haben noch den starken Drang ihrer Vorfahren, in die unterirdischen Bauten von Fuchs, Kaninchen, Dachs & Co. schlüpfen zu wollen oder Löcher zu buddeln. Tatsächlich kommt das Wort »Terrier« vom lateinischen Wort »terra«, Erde, sodass sie im wahrsten Sinne des Wortes »Erdhunde« sind. Auch wenn Terrier heute vorrangig als Familienhunde gehalten werden, sind sie immer noch für ihren hohen Grad an Aktivität, ihr draufgängerisches Wesen und ihre offene, manchmal freche Art bekannt.

Wenn Sie genug Platz im Garten haben, können Sie Ihr eigenes Tunnelsystem bauen, das Sie so einfach oder kompliziert gestalten können, wie Sie möchten. Im Baumarkt oder Sanitärfachbedarf können Sie Rohre mit großem Durchmesser kaufen – oder Sie treiben irgendwo Verschnittstücke oder gebrauchte Rohre auf, denn in der Regel brauchen Sie ja nicht besonders viel. Das Rohr muss so weit sein, dass Ihr Hund bequem hindurchpasst. Machen Sie keine Experimente mit zu engen Rohren, damit Ihr Hund nicht in die Gefahr gerät, stecken zu bleiben.

Wenn Sie einen Terrier besitzen, sind Sie sich dieser Merkmale vermutlich bewusst und wissen, dass Sie bei Spaziergängen auf dem Land immer achtsam sein müssen, weil es sonst sein könnte, dass Ihr kleiner Hund ohne Vorwarnung in irgendeinem Erdloch verschwindet. Es gibt aber auch ungefährliche Mittel und Wege, wie Ihr Hund seine natürlichen Triebe befriedigen kann, ohne kleine Tiere zu verletzen oder sich selbst in Gefahr zu bringen.

Viele Terrierbesitzer können ihren Hunden allein damit viel Spaß bieten, dass sie die Rohre auf den Boden legen und sie wie beim Tunnelspiel beschrieben zum Durchlaufen animieren. Wenn Sie sich stärker engagieren und ein intensiveres Terrier-Spiel anbieten möchten, graben Sie die Rohre allerdings teilweise ein. Dazu muss Ihr Grundstück natürlich geeignet sein. Die Tunnel sollten nicht

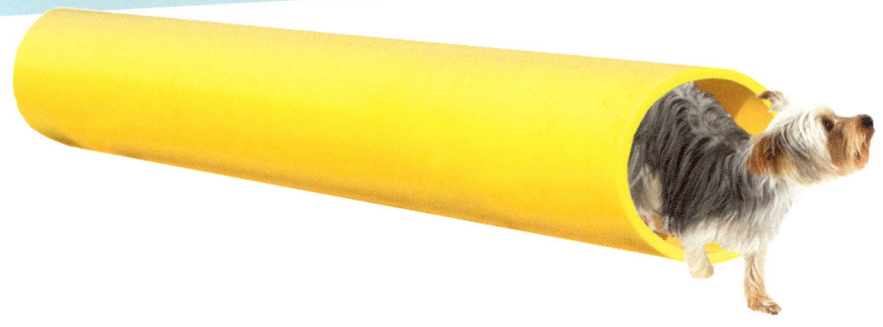

Das Rohr muss so weit sein, dass Ihr Hund ohne steckenzubleiben hindurchlaufen kann.

überflutungsgefährdet sein, und falls es in Ihrer Gegend Giftschlangen gibt oder andere gefährliche Tiere, die sich im Tunnel einnisten könnten, verschließen Sie sicherheitshalber Ein- und Ausgang nach jedem Spiel.

Für noch mehr Spaß binden Sie ein kleines Plüschspielzeug oder Fellstück an eine lange Schnur. Fädeln Sie die Schnur so durch das Rohr, dass das Spielzeug am Eingang zu liegen kommt. Die Schnur muss lang genug sein, dass Sie auf der anderen Seite am Ausgang noch genug Reserve zum Festhalten und Ziehen haben.

Nähert sich Ihr Hund dem Rohr, ziehen Sie vom anderen Ende aus an der Schnur, so schnell Sie können. Ziehen Sie so lange weiter, bis der Hund ganz durch den Tunnel durch ist und das Spielzeug auf der anderen Seite fängt. Viel schneller und einfacher lässt sich das Spielzeug übrigens ziehen, wenn Sie es an einer Flexileine befestigen.

Wenn Ihr Hund an diesem Spiel Spaß hat, könnten Sie überlegen, ob es in Ihrer Region Clubs für jagdlich geführte Terrier oder Teckel gibt, die unter ihren Arbeitsprüfungen auch die Erdarbeit anbieten. Auf deren Übungsplätzen werden Sie noch viel komplexere Tunnel, so genannte »Schliefenanlagen«, finden (s. a. Kapitel 16).

Spürhunde

Spürhunde haben eine unglaubliche Fähigkeit, selbst schwächste Geruchsspuren noch zu entdecken. Ihre Nasengänge sind besonders dicht mit Geruchsrezeptoren bestückt. Auch der Körperbau vieler Spürhunderassen wie Bloodhounds oder Bassets ist daran angepasst, ihre Fähigkeit zur Geruchserkennung zu maximieren: sie haben längere Ohren und viel lose Gesichtshaut, was dazu beiträgt, den Geruch direkt zur Nase zu leiten. Viele Besitzer solcher Hunde haben auf Spaziergängen damit zu kämpfen, dass Ihr Hund kaum auf sie achtet, weil er immer eine interessante Geruchsspur findet, die er verfolgen möchte.

Legen Sie Ihre eigenen Geruchsspuren, um Ihren Hund auszulasten. Jeder Hund hat seinen eigenen, etwas unterschiedlichen Stil, einer Spur zu folgen. Als Amateur-Geruchsdetektive sollten Sie und Ihr Hund in der Lage sein, einer stark riechenden Spur erfolgreich zu folgen.

Am besten beginnen Sie in Ihrem Garten oder einem Außenbereich mit wenigen Ablenkungen. Machen Sie die ersten Fährten sehr einfach, bis Ihr Hund verstanden hat, worum es geht.

Dann können Sie die Suche in unterschiedlichem Gelände fortsetzen, zum Beispiel durch hohes Gras oder zur Abwechslung auch über Asphalt.

Folge deiner Nase

Spürhunde wie zum Beispiel der Basset haben einen unglaublich empfindlichen Geruchssinn. Ihre großen Hängeohren helfen, den Geruch zur Nase zu leiten

Wenn ein Spürhund eine Spur hat, wird er stark an der Leine ziehen. Benutzen Sie ein Geschirr, um den Druck besser zu verteilen.

Tipp
Die besondere Geruchsemp-findlichkeit von Spürhunden hat auch einen Nachteil – das Training mit ihnen kann müh-sam sein, wenn sie irgendwo einen interessanten Geruch in der Luft oder auf dem Bo-den gewittert haben. Stark rie-chende Leckerchen helfen, die Aufmerksamkeit bei Ihnen zu behalten.

Für Ihre ersten Fährten nehmen Sie stark riechende Lebensmittel wie zum Beispiel Fisch oder Käse und stopfen diese in die Füße einer alten Strumpfhose. Entweder legen Sie selbst durch Hinterherziehen der Strumpfhose über den Boden die Fährte, bevor Sie mit Ihrem Hund losgehen, oder bitten einen Freund, ein paar Minuten vorauszugehen.

Leinen Sie Ihren Hund an, vorzugsweise an einem Geschirr, damit er nicht zu viel Zug auf den Hals bekommt, und folgen Sie der Fährte. Wenn Ihr Hund ansonsten mit Halsband schön an der Leine geht, benutzen Sie das Geschirr nur für die Sucharbeit – so kann er ziehen, soviel er möchte, ohne dass die sonstige Leinenführigkeit beeinträchtigt wird.

Wenn Ihr Hund aktiv die Spur verfolgt, können Sie »Such« sagen. Loben und motivieren Sie ihn während der Suche und lassen ihn am Ende der Spur eine tolle Belohnung finden, damit er den Spaß am Spiel behält.

Legen Sie die Spur kurz bevor Sie mit der Sucharbeit starten.

Hütehunde

Die wenigsten Besitzer von Hütehunden haben auch eine Herde Schafe, an der sie üben könnten. In vielen Gegenden gibt es aber auch Hundetrainer, die spezielle Seminare zur Hütearbeit anbieten und bei denen junge Hütehunde zusammen mit älteren Hunden und hundeerfahrenen Schafen trainieren können. Für alle anderen gibt es eine Reihe Spiele, mit denen wir zuhause die Hüteinstinkte unserer Hunde in Bahnen lenken und gleichzeitig an verbesserter Distanzkontrolle arbeiten können.

Wenn Sie Hütehunden bei der Arbeit zusehen, werden Sie feststellen, dass diese eher in weiten Bögen als auf geraden Linien laufen. Beim Trainieren macht man sich diese Eigenschaft zunutze, indem man den Hunden beibringt, entweder im Uhrzeigersinn (»Come by«) oder dagegen (»Away«) zu laufen. Diese Bewegung kann dann mit einem Stoppsignal (»Stand« oder »Down«) oder einem langsamen Zugehen auf die Schafe (»Walk up«) kombiniert werden, um dem Hund die Basisanweisungen zu vermitteln, die er für die Arbeit an der Schafherde braucht.

Viele Collies und Collie-Mischlinge bleiben stehen, wenn auch das »Tier«, das sie hüten, dies tut. Wenn Ihr Hund dem Spielzeug nachläuft, hören Sie auf, es zu bewegen und sagen »Down« oder »Stand«, wenn Ihr Hund innehält.

Beginnen Sie mit einem kleinen Spielzeug, das Sie mit einer leichten Schnur an einem flexiblen Stab wie z. B. einem Bambusstab oder einer Reitgerte befestigen.

Wenn Sie die Richtung ändern und ihn gegen den Uhrzeigersinn dem Spielzeug folgen lassen, führen Sie Ihr Kommando »Away« ein. Machen Sie anfangs langsame Bewegungen, damit Sie die Kontrolle behalten und Ihr Hund nicht so aufgeregt wird, dass er nach dem Spielzeug zu springen und es zu fangen versucht.

Üben Sie all diese Kommandos separat über viele Übungssitzungen, bis Sie die Bewegungen Ihres Hundes in Ihrer Nähe gut kontrollieren können.

Lehren Sie Ihren Hund, direkt auf das Spielzeug zuzugehen, indem Sie es langsam über den Boden auf sich zu ziehen. Wenn er ihm nachschleicht, fügen Sie das Kommando »Walk up« hinzu.

Bewegen Sie das Spielzeug im Uhrzeigersinn rechts um sich herum. Wenn sich Ihr Hund in diese Richtung bewegt, sagen Sie »Come by«. Loben Sie ihn für das Verfolgen des Spielzeugs.

Mehr Kommandos und Trainingstechniken aus der Hütearbeit können Sie unter Aufsicht eines spezialisierten Trainers lernen, der das Arbeiten an Schafen anbietet.

Windhunde

Geschwindigkeit und Lauflust der Windhunde sind wohlbekannt. Sie laufen gern einem geworfenen Spielzeug hinterher, verlieren aber oft das Interesse, sobald dieses sich nicht mehr bewegt und überlassen es dem Besitzer, es selbst wieder einzusammeln. Sie können sich die natürlichen Instinkte Ihres Hundes zunutze machen, indem Sie ihn einen kleinen Gegenstand jagen lassen, der sich über den Boden bewegt, selbst aber dabei die Kontrolle über das Spiel behalten.

Die Freude am Jagen

Binden Sie ein weiches Spielzeug an das Ende einer langen Schnur. Besonders gut funktioniert das in Verbindung mit einer Reitgerte als Griff, weil sie damit das Spielzeug wie an einer Angel schnell nach vorn schleudern und über den Boden bewegen können.

Sie können sich auch drehen, sodass das Spielzeug um Sie herum über den Boden wirbelt. Das veranlasst Ihren Hund bestimmt zum Nachjagen. Machen Sie plötzliche Richtungsänderungen, bewegen Sie das Spielzeug ruckartig und motivieren Sie Ihren Hund zu einer ausgiebigen Verfolgungsjagd, bevor Sie ihn letzten Endes das Spielzeug fangen lassen.

Das Nachhetzen hinter Beute liegt den Windhunden im Blut, sodass für dieses Spiel kein besonderes Training nötig ist. Haben Sie einfach Spaß und halten Sie das Spielzeug so lange wie möglich in Bewegung, bevor Ihr Hund es fängt.

KAPITEL 15

Partyspiele

Es macht immer Spaß, wenn man einen guten Witz oder Trick kennt, den man vor Freunden oder Familie zum Besten geben kann. Wenn Sie aber noch einen schlauen Hund an Ihrer Seite haben, werden Ihre Gäste umso beeindruckter sein! Außerdem kann man einen Witz vor gleichem Publikum nicht zwei Mal erzählen, während man einem schönen Hundetrick auch öfter zuschauen kann. Viele der Brain Games in diesem Buch sind ohnehin schon gut zum Zuschauen geeignet und unterhaltsam, aber hier sind noch ein paar weitere Ideen zum Ausprobieren.

Interaktives Spiel	
Hund und Besitzer	
Wo:	Anfangs in ruhiger und bequemer Umgebung.
Schwierig-keitsgrad:	☆ Einfach
Benötigt:	Leckerchen

Gib Pfote

Dieser Trick gehört ins Grundrepertoire jeden Tricktrainings. Wenn Ihr Hund auf Kommando Pfote geben kann, macht das außerdem das Saubermachen der Pfoten, Kürzen der Krallen oder Überprüfen der Pfotenballen viel leichter.

Beginnen Sie mit einer Pfote

Die meisten Hunde bieten das Pfotegeben von Natur aus an. In diesem Fall brauchen Sie nur noch ein Handsignal und Hörzeichen hinzuzufügen. Alle anderen Hunde müssen lernen, dem Mensch ihre Pfote anzubieten.

Setzen Sie sich vor Ihren Hund und halten ein Leckerchen in der geschlossenen Hand. Strecken Sie Ihre Leckerchenhand dem Hund entgegen, halten Sie sie in Brusthöhe vor ihn und lassen ihn daran schnüffeln. Hunde mit sehr langen Rücken oder mit Arthrose können ihre Pfote möglicherweise nicht sehr hoch heben, halten Sie in diesem Fall Ihre Hand tiefer.

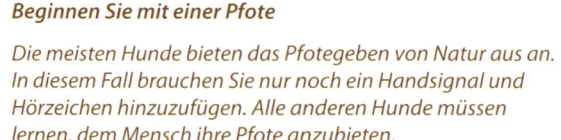

Halten Sie die Hand ruhig, während Ihr Hund daran schnüffelt. Die meisten Hunde versuchen irgendwann, die Hand mit der Pfote zu berühren, um an das Leckerchen zu kommen. Sobald Ihr Hund eine Pfote auch nur anhebt, öffnen Sie die Hand und geben ihm das Leckerchen. Manche Hunde heben anfangs ihre Pfote nur knapp über den Boden. Belohnen Sie das trotzdem mit einem Leckerchen, denn Sie können es beim weiteren Üben ganz leicht in ein höheres Anheben ausformen.

Tipp

Die meisten Hunde berühren Ihren Menschen mit der Pfote, wenn Sie Aufmerksamkeit oder Futter möchten. Achten Sie darauf, nur darauf zu reagieren, wenn Sie das Pfotegeben auch verlangt haben, da sie sonst diese Angewohnheit fördern.

Sobald Ihr Hund zuverlässig seine Pfote in Ihre Hand legt, können Sie Ihr Hörzeichen wie z. B. »Gib Pfote« einführen. Üben Sie, bis er allein auf das Hörzeichen hin Pfote gibt. Denken Sie daran, jetzt das Leckerchen aus der anderen Hand zu geben, sobald Ihr Hund seine Pfote in Ihre Hand gelegt hat.

Sobald Ihr Hund das Prinzip verstanden hat, können Sie die geschlossene Leckerchenhand zum Locken weglassen. Jetzt sollten Ihr Hörzeichen und Ihre offene Handfläche ausreichen, um die richtige Reaktion zu bewirken.

Die rechte Hand bringt den Hund zum Geben der linken Pfote.

Jetzt die andere Pfote

Wenn Ihr Hund das Pfotegeben auf Kommando gelernt hat, können Sie ihm beibringen, auch die andere Pfote zu geben. Um das zu fördern, halten Sie Ihre Leckerchenhand dichter an die andere Hand oder nehmen dafür Ihre andere Hand. Verwenden Sie ein anderes Hörzeichen wie zum Beispiel »Andere«. Haben Sie Geduld und ignorieren einfach, wenn Ihr Hund die »alte« Pfote hebt.

… und dann die linke Pfote zu geben. Der Trainingsweg und Hörzeichen bleiben gleich, Sie müssen nur alles zur einer Sequenz miteinander verknüpfen.

Rechts und links

Wenn Ihr Hund geübt darin ist, beide Pfoten auf Kommando zu geben, können Sie einen witzigen Trick daraus bauen. Bitten Sie ihn, Ihnen die rechte …

Winken

<table>
<tr><td colspan="2">Interaktives Spiel
Hund und Besitzer</td></tr>
<tr><td>Wo:</td><td>Beliebiger Ort. Macht sich gut an Ihrer Haustür, wenn Ihr Hund Gäste begrüßen oder verabschieden kann.</td></tr>
<tr><td>Schwierigkeitsgrad:</td><td>☆ ☆   Mittel
Üben Sie zuerst »Sitz« und »Gib Pfote«.</td></tr>
<tr><td>Benötigt:</td><td>Leckerchen</td></tr>
</table>

Um den Hund zum Winken zu bringen, verlangen Sie das normale Pfotegeben, aber halten Ihre Hand dabei weiter vom Hund weg, sodass er sein Bein in dem Versuch, Ihre Hand zu erreichen, mehr strecken muss. Wenn er sein Bein ausstreckt, loben Sie ihn und geben ihm die Belohnung. Wiederholen Sie das so oft wie nötig, bis Ihr Hund die Bewegung leicht ausführt.

Um Ihrem Hund das Winken beizubringen, soll er seine Pfote heben, aber Ihre Hand nicht damit erreichen. Das Ergebnis wird aussehen wie Pfotegeben in die Luft – oder eben Winken.

Lassen Sie Ihren Hund »Sitz« machen und strecken ihm Ihre Leckerchenhand entgegen, aber halten Sie sie diesmal höher als zum Pfotegeben.

Tipp
Manche Hunde zeigen kein besonderes Interesse an einer Hand, die ein Leckerchen hält. In diesem Fall hilft oft Anspornen mit besonders aufgeregter Stimme.

Leckeres Futter ist eine gute Motivation.

Beginnt Ihr Hund mit einer Winkbewegung, können Sie auch mit Ihrer Hand eine kleine Winkbewegung machen. Fügen Sie jetzt das Hörzeichen »Winken« hinzu.

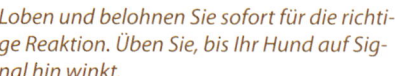

Loben und belohnen Sie sofort für die richtige Reaktion. Üben Sie, bis Ihr Hund auf Signal hin winkt.

Männchen und winken

Wenn Ihr Hund körperlich in der Lage ist, ein sitzendes »Männchen« zu machen, können Sie das mit dem Winken kombinieren. Oft geraten Hunde dabei anfangs etwas aus dem Gleichgewicht, überstürzen Sie deshalb nichts und lassen sich Zeit. Bitten Sie Ihren Hund ins »Sitz«. Halten Sie ein Leckerchen dicht vor seine Nase und lassen ihn daran schnüffeln.

Bewegen Sie das Leckerchen langsam nach oben über seinen Kopf. Um ihm zu folgen, muss Ihr Hund sich jetzt weiter nach hinten auf seine Hanken setzen. Geben Sie ihm sofort in dem Moment, in dem er das tut, das Leckerchen. In den nächsten Übungseinheiten können Sie ihn nach und nach etwas länger diese Position halten lassen, bevor Sie das Leckerchen freigeben.

Im nächsten Schritt fügen Sie Ihr Kommando für Winken hinzu, das der Hund schon kennt. Vielleicht müssen Sie anfangs nochmals dazu zurückgehen, dass er Ihre Hand wieder mit seiner Pfote berührt, aber Sie werden schnell wieder zum gewohnten Winken übergehen können. Belohnen Sie weiterhin gute Versuche, bis Ihr Hund zuverlässig winkt.

Stehen und winken

Wenn Ihr Hund körperbaulich oder gesundheitlich bedingte Probleme mit dem sitzenden »Männchen« hat, lernt er vielleicht eher das Winken im Stehen. Benutzen Sie die gleichen Techniken wie zuvor, um den Hund zum Ausstrecken seiner Pfoten nach Ihrer Hand zu bringen. Wiederholen Sie das, bis er beiden Pfoten in die Luft streckt, fügen Sie ein Hörzeichen hinzu und Sie haben einen winkenden Hund!

Wo:	Beliebiger Ort, an dem Ihr Hund genug Platz zum Umdrehen hat..
Schwierig-keitsgrad:	☆ Einfach
Benötigt:	Leckerchen oder Spielzeug

Tipp

Manche Hunde zeigen das schnelle Drehen um sich selbst auch als Zwangsstörung, die auch zu körperlichen Proble-men führen kann. Sollte das bei Ihrem Hund der Fall sein, lassen Sie dieses Spiel weg und trainie-ren dafür ein anderes. Wenn ein Hund sich um sich selbst dreht, um Aufmerksamkeit zu bekom-men, kann es andererseits aber auch hilfreich sein, ihm das Kreiseln auf Kommando beizu-bringen, weil er dann lernt, dass er nur dann eine Belohnung be-kommt, wenn er dazu aufgefor-dert wurde.

Dreh dich

Das Drehen oder Kreiseln auf der Stelle ist ein Spiel, da je nach Kör-pergröße und Fitness Ihres Hundes langsam und kontinuierlich oder schnell und aufregend gespielt werden kann.

Drehen im Uhrzeigersinn

Halten Sie ein Leckerchen und lassen Ihren Hund daran schnüffeln. Bewegen Sie es langsam zur Sei-te, sodass er seinen Kopf drehen muss, um ihm zu folgen. Belohnen Sie anfangs schon diese kleine Bewegung, auch wenn Sie erst ei-nen Viertelkreis ergibt.

Locken Sie Ihren Hund Stückchen für Stückchen in eine Kreisbewegung und belohnen Sie jede Verbesserung.

Locken Sie ihn nach und nach immer weiter herum, bis er sich beim Verfolgen Ihrer Hand um 360 Grad dreht. Belohnen Sie ihn jedesmal, wenn er dem Leckerchen einmal ganz rundher-um gefolgt ist.
Halten Sie Ihre Hand anfangs ziemlich nied-rig über den Hundekopf.

Reduzieren Sie die Handbewegung

Sobald der Hund begonnen hat, Ihre Handbewegung mit dem Drehen zu verknüpfen, können Sie diese zu reduzieren beginnen. Machen Sie die Kreisbewegung, die Sie mit Ihrer Hand beschreiben, immer etwas höher und kleiner.

Irgendwann wird nur noch eine kleine Andeutung einer Kreisbewegung mit der Hand reichen, damit Ihr Hund freudig zu kreiseln beginnt.

Gegen den Uhrzeigersinn

Gut ist, wenn Sie Ihrem Hund das Drehen in beide Richtungen beibringen. Arbeiten Sie mit der gleichen Locktechnik, nur eben diesmal anders herum.

Die meisten Hunde drehen sich lieber nach einer bestimmten Richtung, üben Sie diese zuerst.

Fügen Sie Ihr Hörzeichen hinzu. Denken Sie sich unterschiedliche für das Drehen mit und gegen den Uhrzeigersinn aus, zum Beispiel »Dreh dich« und »Rum«.

Um Verwirrung zu vermeiden, sollten Sie jede Richtung getrennt zu unterschiedlichen Zeiten üben. Verwechseln Sie nicht, welches Hörzeichen Sie für welche Richtung verwenden!

Manche Hunde tun sich anfangs schwer mit einer vollen Kreisbewegung. Belohnen Sie auch kleine Bewegungen in die richtige Richtung, beim nächsten Mal werden Sie etwas mehr bekommen.

Rolle

Die Rolle kann schön aus dem »Platz« entwickelt werden und ist für Hunde jeden Alters geeignet, solange diese gesund sind. Sehr großen Hunden fällt es schwerer, sich auf die andere Seite zu wuchten. Beurteilen Sie die körperlichen Fähigkeiten Ihres Hundes realistisch.

Interaktives Spiel
Hund und Besitzer

Wo:	Beliebiger Ort, an dem Ihr Hund genug Platz zum Umdrehen hat..
Schwierig-keitsgrad:	☆ ☆ Mittel
Benötigt:	Leckerchen

Rollen einüben

Als Ausgangsposition liegt Ihr Hund vor Ihnen. Entscheiden Sie, in welche Richtung Ihr Hund sich rollen soll. Hunde haben unterschiedliche Vorlieben, auf welcher Hüftseite sie lieber liegen. Nutzen Sie die Lieblingsseite, denn von ihr aus kann der Hund sich leichter herumrollen.

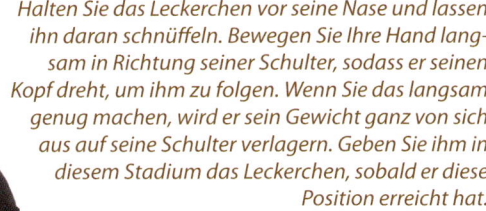

Tipp
Achten Sie auf Ihre eigene Armposition: Halten Sie Ihren Arm so weit weg gebeugt, dass Ihr Hund beim Herumrollen nicht mit den Beinen daran stößt.

Halten Sie das Leckerchen vor seine Nase und lassen ihn daran schnüffeln. Bewegen Sie Ihre Hand langsam in Richtung seiner Schulter, sodass er seinen Kopf dreht, um ihm zu folgen. Wenn Sie das langsam genug machen, wird er sein Gewicht ganz von sich aus auf seine Schulter verlagern. Geben Sie ihm in diesem Stadium das Leckerchen, sobald er diese Position erreicht hat.

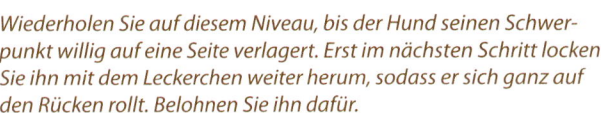

Wiederholen Sie auf diesem Niveau, bis der Hund seinen Schwerpunkt willig auf eine Seite verlagert. Erst im nächsten Schritt locken Sie ihn mit dem Leckerchen weiter herum, sodass er sich ganz auf den Rücken rollt. Belohnen Sie ihn dafür.

Manche Hunde rollen sich aus dieser Position direkt ganz herum, während man andere weiter locken muss, bis sie sich ganz auf die andere Seite rollen. Brechen Sie den Bewegungsablauf in so viele Einzelteile herunter, wie es für Ihren Hund nötig ist.

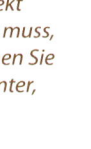

Kommando einführen

Sobald Ihr Hund die Rolle auf Locken mit Futter hin gut beherrscht, können Sie Ihr Hörzeichen einführen, z. B. »Rolle« oder »Rum«. Sagen Sie es in dem Moment, in dem Ihr Hund herumrollt.

Wiederholen Sie dies jedes Mal, wenn er die Rolle macht und er wird schon bald die Verknüpfung zwischen Hörzeichen und Verhalten bilden. Irgendwann reicht dann Ihr Hörzeichen allein als Auslöser dafür, dass Ihr Hund sich willig über den Rücken rollt.

Das Anbieten eines Leckerlis hilft immer. Die Handbewegung für dieses Kommando beschreibt einen Bogen, der Ihren Hund herumlockt. Anfangs muss diese Geste groß und deutlich mit dem ganzen Arm sein, aber mit der Zeit können Sie sie bis auf eine kleine Handbewegung reduzieren.

Mehrfachrolle

Mit etwas Übung wird Ihr Hund in der Lage sein, auch mehrere Rollen hintereinander zu machen. Belohnen Sie anfangs jede Rolle, später gibt es nur noch eine extra tolle Belohnung am Ende der Serie.

Totstellen

Mit dem Totstellen bringen Sie einen Hauch von Drama mit ins Spiel und können Familie oder Freunde damit bestens unterhalten. Totstellen ist auch eine gute Variante für Hunde, die aus gesundheitlichen Gründen die Rolle nicht ausführen können.

Interaktives Spiel
Hund und Besitzer

Wo:	Boden, auf dem der Hund bequem liegen kann.
Schwierigkeitsgrad:	☆☆☆☆☆ Anspruchsvoll
Benötigt:	Leckerchen und ggf. eine Matte, falls der Boden kalt oder unbequem ist.

Bringen Sie Ihrem Hund zuerst bei, auf der Seite zu liegen

Beginnen Sie mit der Platz-Position. Knien Sie sich vor Ihren Hund und benutzen Sie ein Leckerchen, um damit seinen Kopf langsam zu einer Seite zu locken. Wenn er den Kopf dreht, verlagert er sein Gewicht ein bisschen mehr auf eine Schulter und legt sich dann auf die Seite. Belohnen Sie diese Bewegung und seien Sie bereit, auch kleinere Bewegungen in die richtige Richtung zu belohnen, wenn Ihr Hund noch nicht ganz entspannt ist. Üben Sie, bis es leicht fällt, Ihren Hund auf die Seite zu bekommen. Falls er das nicht schon ohnehin anbietet, locken Sie seinen Kopf so, dass er ganz flach auf der Seite liegt. Bieten Sie dann Extra-Belohnungen dafür an, dass er länger liegen bleibt.

Führen Sie ein Handzeichen ein

Jetzt können Sie während des Übens Ihr Handsignal für dieses Spiel entwickeln. Sie können z. B. mit Ihren Fingern eine »Pistole« formen und diese zum Signal für den Hund werden lassen. Übertreiben Sie anfangs die Bogenbewegung, die Sie mit Ihrer Hand machen, um den Hund auf die Seite zu locken und reduzieren Sie diese dann sehr allmählich. Ihr Hörzeichen für diesen Partytrick könnte zum Beispiel »Peng« sein. Führen Sie es aber erst ein, wenn Ihr Hund die Position schon ohne Schwierigkeiten einnimmt. Wenn Ihnen das »Erschießen« zu makaber ist, nennen Sie das Spiel einfach »Ohnmächtig« oder »Flach liegen«.

Probieren Sie verschiedene Positionen aus

Üben Sie, bis Ihr Hund entspannt auf dem Boden liegen kann, bevor Sie ihn freigeben. Warten Sie, bis er ganz still liegt, bevor Sie ihn loben und belohnen. Ein wedelnder Schwanz ist zwar ein Zeichen dafür, dass er Spaß hat, verdirbt Ihnen aber ein wenig die Vorstellung! Mit etwas Übung wird Ihr Hund sich sowohl aus dem Sitzen als auch Stehen hinlegen können.

Verleihen Sie dem Spiel letzten Schliff und noch mehr Dramatik, indem Sie Ihrem Hund beibringen, mit der Pfote ein Auge zu verdecken.

Kriechen

Das Kriechen kann als Verhalten für sich selbst oder als Bestandteil anderer Spiele wie zum Beispiel »Limbo tanzen« verwendet werden. Oder Sie verknüpfen es mit anderen Elementen zu Ihrer ganz eigenen Performance. Der »Kriechstil« Ihres Hundes hängt sehr von seinem Körperbau und von seiner Größe ab. Kleinere Hunde robben eher über den Bauch, während größere mit den Hinterbeinen eher eine Art »Häschensprung« vollführen, um sich voranzuschieben.

Interaktives Spiel	
Hund und Besitzer	
Wo:	Boden, auf dem der Hund bequem liegen kann.
Schwierigkeitsgrad:	☆☆ Mittel
Benötigt:	Leckerchen

Zuerst mit Locken

Beginnen Sie mit dem Hund im Platz. Nehmen Sie ein Leckerchen und lassen Ihren Hund daran schnüffeln. Ziehen Sie es dann sehr langsam von ihm weg, sodass er etwas vorkriechen muss, um weiter daran schnüffeln und lecken zu können.

Sobald er das tut, geben Sie das Leckerchen frei. Gehen Sie langsam vor und achten darauf, jede Vorwärtsbewegung zu belohnen. Falls er aufsteht, legen Sie ihn einfach wieder ins Platz und beginnen von Neuem, wobei Sie beim nächsten Mal etwas langsamer vorgehen.

Falls Ihr Hund immer wieder aufsteht, versuchen Sie, ihn unter einen Stuhl oder Ihr Bein zu locken, damit Sie die korrekte Position verstärken können.

Signal einführen

Sobald Ihr Hund vorwärts kriecht, führen Sie das Hörzeichen »Kriech« ein und loben ihn. Mit mehr Übung wird Ihr Hund auch weiter kriechen können.

Tipp

Falls Ihr Hund schon gelernt hat, ein Target mit seinen Pfoten zu berühren, können Sie das auch benutzen, um ihn zum Vorwärtskriechen zu bringen. Halten Sie das Target ein paar Zentimer vor die Vorderpfoten Ihres liegenden Hundes und belohnen Sie ihn, wenn er näher kriecht, um es zu berühren. Schieben Sie das Target dann sehr langsam weiter weg, sodass er wieder kriechen muss, um daran zu kommen.

Größere Hunde neigen meist dazu, sich hinten hochzustemmen.

Nach und nach können Sie das Lock-Leckerchen weglassen und das Verhalten mit einer einfacheren Handgeste auslösen.

Interaktives Spiel
Hund und Besitzer

Wo:	Beliebiger Ort, an dem Ihr Hund sich wohlfühlt und genug Platz zum Liegen hat.
Schwierig-keitsgrad:	☆☆☆☆☆ Für Cracks Üben Sie zuerst »Platz«, »Nimms« und flaches Liegen wie beim Totstellen.
Benötigt:	Decke und Leckerchen.

Schlafen gehen!

Dieses Spiel sieht klasse aus und beeindruckt Freunde und Familie garantiert. Ihr Hund liegt auf seiner Decke, und wenn Sie »Schlafen!« sagen, fasst er sie an einer Ecke und zieht sie über sich, als ob er ins Bett gehen wollte.

Dieser Trick besteht aus einfachen Einzelbewegungen, aber es kann für den Hund schwierig sein, diese alle miteinander zu einer Verhaltenskette zu verknüpfen. Sie müssen sie also in sehr kleine Einzelteile herunterbrechen, die Sie dann einzeln gut üben.

Üben Sie zuerst das Flachliegen auf der Seite

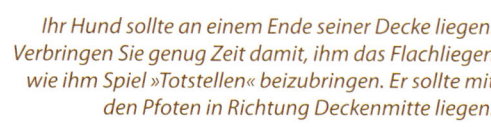

Ihr Hund sollte an einem Ende seiner Decke liegen. Verbringen Sie genug Zeit damit, ihm das Flachliegen wie im Spiel »Totstellen« beizubringen. Er sollte mit den Pfoten in Richtung Deckenmitte liegen.

Ihr Hund muss sich zuerst im Flachliegen sehr wohl fühlen, bevor Sie mit dem nächsten Bestandteil des Tricks weitermachen.

Wenn das klappt, motivieren Sie Ihren Hund mit »Nimms!«, eine Ecke der Decke ins Maul zu nehmen. Manchen Hunden fällt das leichter, wenn man anfangs einen Knoten in einen Deckenzipfel macht. Bauen Sie diesen Bestandteil in sehr kleinen Schritten auf, bis Ihr Hund die Decke schön festhalten kann.

Jetzt können Sie die beiden Aufgaben zusammenbauen. Lassen Sie ihn mit »Nimms!« den Zipfel der Decke nehmen, den Sie ihm anreichen und verlangen dann sofort anschließend, dass er sich flach hinlegen soll. (Falls Sie vorher beim Totstellen schon das Hörzeichen »Peng!« geübt haben, können Sie das jetzt benutzen). Mit etwas Glück wird Ihr Hund nun beim Hinlegen die Decke über sich ziehen.

Klappt diese Bewegung, loben Sie ihn sehr und geben ihm ein fantastisch außergewöhnliches Leckerchen. Wiederholen Sie die Bewegung ein paar Mal, damit Ihr Hund sicher versteht, was genau ihm die fantastische Belohnung einbringt.

Mit Übung zum Finale

Falls Ihr Hund den Deckenzipfel loslässt, bevor er liegt, gehen Sie einen Schritt zurück und verstärken nochmals des Nehmen und Festhalten der Decke. Üben Sie das über einige Sitzungenund beginnen dann, Ihr neues Hörzeichen vor dem alten einzuführen (z. B. »Schlafen peng!«.) Nach und nach wird Ihr Hund verstehen, was »Schlafen« ankündigt und Sie können das »Peng« weglassen. Vielleicht kann Ihr Hund sogar lernen, seine Decke vorher holen zu gehen, bevor er sich darauf legt und sie über sich zieht. So haben Sie eine perfekte Schaunummer für Ihre nächste Familienfeier!

Partytricks für mehrere Hunde

Falls Sie mehr als einen Hund besitzen, können Sie auch alle an den Spielen beteiligen. Wenn Partytricks mit dabei sein sollen, konzentrieren Sie sich zunächst darauf, jedem Hund das Verhalten anfangs einzeln beizubringen. Bringen Sie erst danach die Hunde zusammen. Manche Tricks sehen mit mehreren Hunden richtig gut aus, zum Beispiel diese:

Hier ist der angehobene Fuß für die Gruppe das Signal zum Winken.

Doppelrolle

Beide Hunde liegen und rollen sich auf Kommando herum. Achten Sie darauf, dass die Hunde in der Ausgangsposition weit genug voneinander entfernt sind, damit Sie sie nicht aneinander stoßen, falls die Rollen nicht ganz nach Plan verlaufen.

Winken in der Gruppe

Alle Ihre Hunde sitzen in einer Reihe und verabschieden Ihre Gäste mit einem Winken. Je mehr Pfoten winken, desto lustiger!

Bunte Mischung

Noch schwieriger wird es, wenn die Hunde zu gleicher Zeit unterschiedliche Dinge zum Besten geben. Achten Sie darauf, dass die Hunde sich in Gegenwart des oder der anderen wohlfühlen und jeder genug Platz hat, um seinen Trick auszuführen zu können.

KAPITEL 16

Wettkampfspiele

An Agilitywettkämpfen können Hunde jeder Rasse und Größe teilnehmen. Die Sprunghöhe richtet sich in den einzelnen Klassen nach der Größe der Hunde.

Flyball ist ein rasanter Wettkampfsport, bei dem Hunde einer Mannschaft wie im Staffellauf nacheinander über eine Reihe von Hürden zu einer Box rennen, aus der ein Ball geschleudert wird. Diesen muss der Hund fangen und dann wieder zur Startlinie zurückrennen, wo der nächste Hund übernimmt.

Falls Sie eher der Wettkampftyp sind und das Können Ihres Hundes gern mit dem anderer vergleichen, gibt es genügend Hundesportvereine, in denen Sie aktiv werden können. Für die weniger Wettkampfbegeisterten kann das Engagement im Verein eine gute Möglichkeit sein, den Hund einfach auszulasten und seine Energie abzubauen. Außerdem macht die gemeinsame Aktivität in der Gruppe Spaß, oder sollte es zumindest, und Sie können neue soziale Kontakte zu anderen Hundebesitzern knüpfen. Suchen Sie eine Sportart aus, die zu den körperlichen Fähigkeiten Ihres Hundes und zu Ihren eigenen Interessen passt, damit Sie beide Spaß haben. Hier eine Kurzbeschreibung der Möglichkeiten, die sich Ihnen bieten:

Agility ist vermutlich eine der bekanntesten Hundesportarten. Die Besitzer müssen ihre (unangeleinten) Hunde möglichst fehlerfrei und schnell durch einen Parcours leiten, in dem Hürden, Tunnel oder Schrägwände vorkommen. Über den Erfolg entscheidet nicht nur die körperliche Fitness des Hundes, sondern auch, wie gut der Besitzer trainiert hat – sowohl seine eigene Fitness beim Mitlaufen als auch die Klarheit seiner Signale (Hör- und Sichtzeichen). Für kleine Hunde gibt es eigene Klassen, sodass niemand auf diesen Sport verzichten muss.

Flyball ist ein energiegeladener, aber auch von Präzision bestimmter Sport, bei dem Hunde einer Mannschaft wie im Staffellauf nacheinander über Hürden zu einer Flyballbox flitzen müssen, die sie mit ihren Pfoten auslösen. Diese schleudert daraufhin einen Ball in die Luft, den der Hund fangen und über die Hürden zurück zum

Startpunkt bringen muss, wo der nächste Hund schon wartet. Das schnellste fehlerfreie Team gewinnt.

Disc Dogging oder »Frisbee« mit Hunden gewinnt immer mehr an Beliebtheit. Das vom Strand oder aus dem Park bekannte Scheibenwerfen wurde weiterentwickelt und verlangt nun von Hund und Mensch Geschwindigkeit und Präzision. Der Hund muss innerhalb eines vorgegebenen Zeitrahmens möglichst viele Frisbeescheiben fangen und zurückbringen. Zusatzpunkte gibt es für die Wurfweite oder besonders komplexe Fangmanöver.

Obedience ist ein stark kontrollbetonter Sport, in dem es um die exakte Präzision der Bewegungen und auf den perfekten Gehorsam des Hundes ankommt. Viel Zeit und Training sind zu investieren, um dem hohen Standard zu genügen und die Kontrolle auch über die Entfernung ausführen zu können.

Beim Dogdancing »tanzen« Hund und Mensch im Team koordiniert zu einer sorgfältig einstudierten Choreographie auf ein ausgewähltes Musikstück. Punkte gibt es für Genauigkeit der Ausführung, Komplexität der Bewegungen, Ausdruck und Harmonie. Zu den beliebten Einzelelementen gehören z.B. Slalom um die Beine des Besitzers, Sprung über Arme oder Beine des Besitzers oder einen ausgestreckten Stab, Rückwärtslaufen, Achten etc.

Beim Dogdancing tragen die Teilnehmer häufig frei gewählte Kostüme, die zur jeweiligen Musik und zum Stil des gewählten Tanzes passen.

Windhunderennen sind für Besitzer von Windhunden eine Option. Hier können diese in sicherer Umgebung ihrem natürlichen Laufinstinkt folgen, ohne dass Kleintiere dabei zu Schaden kommen.

Windhunderennen stimulieren die natürlichen Instinkte zum Hetzen von Beute: Eine künstliche Beute wird von einer elektromotorbetriebenen Schnur über eine Rennbahn gezogen.

Dogdiving ist ein großer Spaß für alle Wasserratten unter den Hunden und mancherorts bereits Wettkampfsport mit Punktvergabe.

Schlittenhunde müssen mit ihrem »Musher« als Einheit funktionieren, weshalb die Zusammenstellung eines Teams großer Sorgfalt bedarf.

Dogdiving ist ein riesiger Spaß für alle Hunde, die Wasser lieben. In vielen Ländern, vor allem den wärmeren, ist es bereits ein Wettkampfsport, bei uns ist es noch im Kommen. Die Hunde springen dabei von einer Rampe ins Wasser, um ein Spielzeug zu holen und zu bringen.

Fährten und Mantrailen. Beides sind Suchsportarten, allerdings mit etwas unterschiedlicher Ausprägung. Während beim Fährten einer gelegten Bodenspur gefolgt, suchen »Mantrailer« oder Personenspürhunde eine bestimmte Person anhand von deren luftgetragenem Individualgeruch. Wer es ernsthaft betreiben möchte, kann sich einer Rettungshundegruppe anschließen, viele Hundesportvereine bieten Mantrailen aber auch »nur zum Spaß« als spannende Freizeitbeschäftigung an. Vor einem ersten echten Rettungshundeeinsatz stehen viele Stunden Training und nicht jeder Hund ist für den Einsatz im Ernstfall geeignet.

Canicross ist ein Geländelauf, an dem Hunde aller Rassen teilnehmen können. Wenn Sie Spaß am Laufen haben, ist dies der richtige Sport für Sie. Der Hund ist über eine elastische Leine und einen Bauchgurt mit Ihnen verbunden und Sie beide laufen gemeinsam los. Beginnen Sie mit der kurzen Distanz von 2,5 km und arbeiten Sie sich dann weiter nach oben. Alle Hunde können mitmachen, solange sie gesund und fit genug zum Laufen sind.

Schlittenhundesport ist nicht nur ausschließlich etwas für Huskies oder Alaskan Malamutes. Heutzutage nehmen auch viele Hunde anderer Rassen teil. Der auch »Mushing« genannte Sport erfordert allerdings körperlich fitte und starke Hunde, die den Schlitten mit einem Mensch darauf ziehen müssen. Schnee ist dazu nicht unbedingt erforderlich, es gibt auch spezielle geländegängige Wagen für diesen Sport, der dann oft auch als »Zughundsport« bezeichnet wird.

Dummyprüfungen kommen eigentlich ursprünglich aus dem Bereich der jagdlichen Arbeitshundeprüfungen, bei denen die Hunde (meistens Retriever) simulierte Beute (Dummys) aus unterschiedlichem Gelände apportieren müssen. Aber auch Nicht-Retriever können am Apportieren großen Spaß gewinnen.

Hütearbeit an Schafen oder anderem Vieh ist vor allem eine Domäne der Border Collies, aber je nach Rasse, Rassegeschichte und Region unterscheidet sich auch die Art der Arbeit an den Schafen sehr. Im Hügelland Großbritanniens waren und sind vor allem Hunde gefragt, die Schafe über große Entfernungen einsammeln und zusammentreiben oder einzelne Tiere abzusondern und sich dabei auch über große Distanz vom Schäfer lenken lassen. Bei den kontinentalen Hüte- und Schäferhunderassen ging es eher darum, als »lebendiger Zaun« zu fungieren und so die Herde beisammen zu halten. Je nach Rasse Ihres Hundes finden Sie am ehesten über den betreffenden Rassezuchtverband oder Interessengemeinschaften Zugang zu der für Sie passenden Hütearbeit.

Im Leistungshüten wird unter Prüfungsbedingungen die Exaktheit der Arbeit an den Schafen in Zusammenarbeit mit dem Schäfer bewertet.

Bildnachweis

Jane Burton, Warren Photographic: S. 56 o. re., 110 & 111 Italienisches Windspiel;

Creckstock.com: Yuri Arcurs S. 17 u.; godfer S. 17 o.;

Kruuse UK Ltd: S. 73 o. li. & mi. li.;

Dreamstime.com: Anke Van Wyk S. 24 u.; Ljupco S. 38 o.; Arekddadjei S. 52 mi; Colleen Crowley S. 46 o.; Erik Lam S. 46 mi.; Simone van Berg S. 46 u.; Kessu 1 S. 47 u.; Marzanna Syncerz S. 26 o.; Damian Stoszko S. 40 u.; Nivi S. 43 o.; EastWest Imaging S. 49 u.; Raycan S. 49 o.;

fotolia.com
Yuri Arcurs S. 14 o.; Valeriy Kirsanov S. 13 u.; Sandra Zuerlein S. 13 re. mi.; Callalloo-Alexis S. 15 u.; Ivonne Wierink S. 15 o. li; Erik Isselèe S. 16 u.; Shevs S. 16 mi.; Carvinore S. 20 u.; Jesse Kunert S. 21 o.; Sima S. 21 u.; Bertis30 S. 22 o.; Harvey Hudson S. 22 u.; Monkey Business S. 23 u.; Alexey Stiop S. 26 u.; Mikko Pitkänen S. 32 u.; Joe Pitz S. 32 o.; EastWest Imaging S. 41 u.; Biglama S. 48 o.; Dngood S. 48 re. mi. o.; Racerunner S. 48 re. mi u.; Dagel S. 51 u.; Antonio Vitale S. 50 u.; Clearviewstock S. 163; Crimson S. 161 u.; Pontus Edenberg S. 162 o.; Lee O´Dell S. 109;

iStockphoto.com:
Lisa Svara S. 14 u.; Joris Louwes S. 47 o.; Stephanie Horrocks S. 13 o.; Adam Edwards S. 12 u.; Erik Lam S. 15 o. re. & S. 39 o.; Sirko Hartmann S. 19 u.; Kirk Geisler 19 o.; Henk Jelsma S. 20 o.; Boris Shapiro S. 20 mi.; Sparkmom S. 24 o.; Peter Kim S. 27 o.; Drew Hadley S. 28 o.; Brian Asmussen S. 28 u.; Nemanija Glumac S. 29 o.; Donald Erickson S. 30 u., 31 mi.; Carrie Bottomley S. 31 u.; Li Kim Goh S. 31 o.; Thomas Bedenk S. 37 o.; Patty Colabuono S. 38 u.; Danial Bobrowsky S. 50 o.; Fenne Kustermans S. 53 u.; Yulia Saponova S. 53 o.; Eric Isselée S. 54 o.; iofoto S. 55 u.; Jamie Duplass S. 105 mi.; Benoit Rousseau S. 162 o.; Rui Saraiva S. 143; Eric Hull S. 161 o.; Dan Brandenburg S. 146 o.;

Shutterstock.com:
Vladislav Lebendinski S. 18; Simone van Berg S. 33 u.; Hagit Berkovich S. 48 u.; Elliot Westacott S. 52 o.; Iztok Nok S. 108; JoLin S. 160.